한 권으로 이해하는

하늘의 과학

한 권으로 이해하는

하늘의
과학

FLUID MECHANICS

시라토리 케이 지음

곽범신 옮김

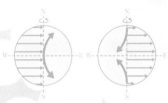

CORIOLIS FORCE

AERODYNAMICS

CUMULONIMBUS

시그마북스
Sigma Books

한 권으로 이해하는 하늘의 과학

발행일 2023년 6월 7일 초판 1쇄 발행
지은이 시라토리 케이
옮긴이 곽범신
발행인 강학경
발행처 시그마북스
마케팅 정제용
에디터 양수진, 최연정, 최윤정
디자인 강경희, 김문배

등록번호 제10-965호
주소 서울특별시 영등포구 양평로 22길 21 선유도코오롱디지털타워 A402호
전자우편 sigmabooks@spress.co.kr
홈페이지 http://www.sigmabooks.co.kr
전화 (02) 2062-5288~9
팩시밀리 (02) 323-4197
ISBN 979-11-6862-141-1 (03550)

시작하며

우리가 지상에서 올려다보는 저 하늘은 파란색에서 저녁이면 꼭두서니 빛으로 물들고, 하얀 구름이나 검은 구름이 낮은 곳부터 높은 곳까지 다양한 높이에서 나타난다. 어떤 때는 비를 뿌리고, 강한 바람을 일으킨다. 이처럼 하늘은 드라마틱한 변화로 가득한 공간이다.

하늘을 연구 대상으로 삼는 학문으로는 대기물리학이나 기상학 등이 있다. 또한 생활과 밀접한 기술로는 일기예보가 있다. 일기예보란 시시각각 바뀌는 하늘의 상태를 관측해 어떻게 변해갈지를 예상하는 기술이다.

날씨의 변화를 지상에서만 관측할 수 있는 것은 아니다. 날씨의 변화는 주로 성층권보다 낮은 고도 십여 킬로미터까지의 대류권에서 발생한다. 상승기류·하강기류, 동서로 흐르는 제트기류, 온도의 변화·수증기의 이동. 기상의 변화는 이렇게 높이와 방향을 아우르는 지구 규모에서 발생한다.

비행기는 이처럼 입체적인 기상 변화 속에서 하늘을 난다. 난기류와 만나면 기우뚱거리고, 강한 바람에 밀려나고, 구름이 있으면 시야가 차단된다. 태풍이 오면 비행이 불가능해진다.

특히 내가 조종하는 소형 비행기는 주로 고도 약 1만 피트(약 3,000m)보다 낮은 고도를 비행한다. 이 부근은 기류가 가장 나쁜 구역으로, 비행에 영향을 끼치는 구름과 마주치기도 쉽다. 소형 비행기는 조종간과 비행기의 자세를 바꾸는 보조날개·승강타·방향타 등이 와이어로 직접 연결되어 있다. 따라서 조종간을 쥐고 있으면 공기의 힘이 직접적으로 느껴진다. 소형 비행기를 조종하면 새가 된 듯한 기분을 맛볼 수 있으리라.

이러한 이유로 이 책에서는 소형 비행기 조종사인 내가 피부로 느낀 '하늘의 입체적인 모습'을 제시하며 공기역학을 비롯해 다양한 기상현상을 해설해보고자 한다. 또한 제10장에서는 조종사가 기상정보를 입수하는 방법 등, 비행기에 관해 더욱 심화된 내용까지 다루고 있으니 관심이 있으신 독자는 읽어주시길 바란다.

또한 이 책에서 비행기와 관련된 부분에서는 피트, 마일, 노트 등의 단위가 자주 등장하니 미리 양해를 구한다. 이는 비행기가 아직까지 야드파운드법을 사용하는 미국에서 발달했기 때문이다. 1피트는 0.3m, 1마일(해리)은 1,852m, 1노트는 0.5m/s로 기억해둔다면 기준이 잡힐 것이다.

그럼 천천히 즐겨주시길.

시라토리 케이

차례

제 3 장
공기의 역학

제 4 장
바람

제 5 장
기압

제 6 장
온도

제 7 장
구름과 비

제 8 장
소용돌이와 난기류

제 9 장
안개·눈·얼음

제 10 장

비행기와 항공역학과
기상에 관한 이모저모

제1장

대기의 기본

지구의 표면에는 공기가 얇은 막처럼 존재한다. 우리 인간을 비롯한 생명체가 살아갈 수 있는 것은 바로 그 덕분이다. 대기란 지구와 같은 행성이나 태양 등의 항성 표면을 감싼 기체의 층을 가리킨다. 지상으로부터 고도 10~16km까지의 권역인 대류권은 대기권의 최하층이며 대기의 상하 운동을 포함한 흐름이 발생하는 곳이다. 이 변동에 따라 기상의 변화가 발생한다.

대기의 기본 정보

대기의 기초 물리

대기의 연직구조

지구의 표면에는 공기가 존재한다. 우리 인간을 비롯한 생명체가 살아
갈 수 있는 것은 바로 그 덕분이다. 대기란 지구와 같은 행성이나 태양 등
의 항성 표면을 감싼 기체의 층을 가리키는 말로 영어로는 애트머스피어
(atmosphere)라고 한다. 한편 공기는 지구의 표면에 존재하는 기체를 가리
킨다. 영어로는 에어(air). 따라서 대기는 우주과학이나 지구물리 용어, 공기
는 굳이 따지자면 우리 생활과 밀접한 용어다. 이 책에서는 각각의 상황에
맞게 더 적합해 보이는 쪽을 적절히 사용하도록 하겠다.

대기는 상공으로 올라갈수록 옅어지며 우주공간에는 존재하지 않는다.
다만 고도 100km를 넘어서더라도 희박하게나마 남아 있는데, 국제우주
정거장의 회전 궤도인 고도 약 400km의 우주공간에는 지상의 100억 분

의 1이라는 극히 미량의 대기가 존재한다.

국제항공연맹(FAI)은 **고도 100km 이상, 미군은 80km 이상을 우주공간으로 규정**한다. 이 고도에서는 약간의 대기가 존재하지만 우주공간과 거의 차이가 없다.

고도에 따라 대기의 성질이 달라지기 때문에 대기권은 몇 가지 층으로 분류된다.

지상으로부터 고도 10~16km 정도까지가 대류권, 그 위로 고도 50km 정

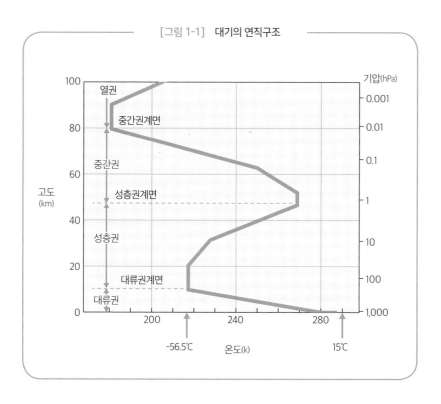

[그림 1-1] 대기의 연직구조

도까지가 성층권, 80km까지가 중간권, 그보다 위가 열권으로 상한선은 약 300~600km이다.

최하층인 대류권은 대기의 상하 운동을 포함한 흐름이 발생하는 곳이다. 이 변동에 따라 기상의 변화가 발생한다. 대류권과 성층권의 경계면을 대류권계면이라고 부른다. 이 고도는 공기의 온도에 따라 달라진다. 동일한 위도라면 여름은 높고 겨울은 낮다. 일본 부근의 경우 겨울철 대류권계면의 고도는 약 10km, 여름은 약 14km다. 또한 적도 방면은 더 높아서 18km나 되며, 반대로 극지방은 9km 이하로 낮다(고도는 대략적인 표준치).

성층권에서는 대기가 대류권처럼 활발하게 뒤섞이지는 않으나 바람은 고도에 따라, 또한 계절에 따라 동풍으로 변하거나 서풍으로 변하는 등 복잡하게 운동한다. 대류권에서는 높이 올라갈수록 온도가 낮아져서 대류권계면 부근에서는 영하 56℃ 정도까지 낮아지지만 성층권 위로 올라가면 다시 온도가 상승해, 중간권과의 경계인 성층권계면에서는 약 0℃까지 이른다.

과거에는 대류권과 달리 성층권에서는 바람이 안정적으로 불어온다고 생각했기 때문에 성층(成層)이라는 이름을 붙였으나 고도의 차이에 따라 온도가 변화하면서 복잡한 바람이 불어온다는 사실이 밝혀졌다. 구글은 모바일 기기의 인터넷 접속을 위해 성층권에 기구를 띄우겠다는 계획을 발표한 바 있는데, 기구가 바람에 밀려나 위치를 이탈하기 시작하면 일정 범위에 머무르게끔 풍향과 풍속이 다른 고도로 이동시킨다.

제트여객기는 고도 13km 정도인 성층권의 초입까지 상승할 수 있으나

군용기는 더욱 높은 곳까지 상승이 가능하다. 예를 들어 F-15 전투기는 약 5만 피트(약 15km)까지 상승할 수 있다.

중간권에서는 고도가 올라감에 따라 또다시 온도가 낮아지는데, 열권과의 경계에서는 영하 80℃ 정도까지 낮아진다. 혜성이 마지막으로 밝게 빛나다 사라지는 고도대가 바로 중간권이다.

그보다 위인 열권은 중간권계면에서 다시 온도가 상승, 고도 500km에서 약 700℃까지 높아진다. 열권은 이처럼 온도가 높지만 공기 분자의 수가 매우 적으므로 로켓이 통과하더라도 영향은 받지 않는다. 오로라가 발생하는 구역은 고도 100km 이상의 열권이다.

대기의 조성·에너지 수지

지구의 대기는 부피의 비로 따지면 질소가 약 78%, 산소가 약 21%로 전체의 약 99%를 차지하며, 그 외에 아르곤, 이산화탄소와 극히 미량의 네온·헬륨·크립톤·수소 등이 있다.

지구의 대기 중에 존재하는 대부분의 열은 태양으로부터 뿜어져 나온 열에너지에서 비롯한다. 지구의 에너지는 태양으로부터 얻은 에너지와 우

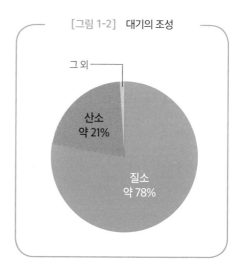

[그림 1-2] 대기의 조성

그 외

산소
약 21%

질소
약 78%

주공간으로 방출된 에너지의 균형이 일정한 비율로 유지된다. 그렇지 않으면 점점 더워지거나 추워지기 때문이다. 지구온난화는 온실가스로 인해 에너지가 우주로 빠져나가지 못하면서 발생한다.

에너지 수지를 좀 더 자세히 살펴보면 지구로 가해진 열에너지의 약 30%가 우주로 방출되는 것으로 추산된다. 흡수된 70%의 에너지 역시 이윽고 우주공간을 향해 달아난다. 태양으로부터 날아든 열에너지와 우주공간으로 달아나는 열에너지가 조화롭게 균형을 이루기 때문에 생명이 존재할 수 있는 평균 기온 15℃ 전후의 환경이 유지되는 셈이다.

기상의 변화·수증기량

기상이란 기(氣), 다시 말해 대기의 변화를 말한다. 기상 변화의 방아쇠로 작용하는 대기의 변동으로는 상승기류·하강기류, 저기압이 초래하는 바람, 일조량의 차이에 따른 온도차 등이 있다. 바람은 산이나 골짜기 등의 지형이나 건물과 같은 인공물의 영향을 받는다.

이러한 공기의 흐름이 수많은 기상현상을 불러일으킨다. 공기는 대량의 수증기를 머금을 수 있다. 어떤 온도의 공기가 머금을 수 있는 수증기의 최대량을 포화수증기량이라고 하는데, 온도가 높아질수록 이 수치 역시 커진다. 예를 들어 0℃의 공기는 1m³당 4.8g의 수증기를 머금을 수 있으나 30℃에서는 30.4g으로 약 6배나 많이 머금을 수 있다. 수증기를 포함한 대기는 포화수증기량에 도달하기까지 눈에 보이지 않는다. 포화수증기량에 도달해 습도가 100%까지 높아져서 기온과 이슬점온도가 일치하면, 공기 안에 미처 담기지 못한 수증기가 결로되면서 액체(물)의 형태로 나타나기 시작한다.

이 공기에 포함된 수증기가 대류권을 돌고 돌아 구름을 발생시켜서 비를 내리게 한다. 지면이나 해수면에서 증발한 물(액체)은 상승해서 온도가 낮아지면 수증기(기체)로 변하고, 0℃에서 얼음·눈(고체)이 된다. 그리고 이윽고 지상으로 떨어지면 다시 물로 돌아간다. 이 변화의 양상을 물의 세 가지 상태라고 하는데, **이처럼 형태를 바꾸는 과정에서 열을 방출하거나 흡수한다.** 그리고 열에너지가 이행함에 따라 기상은 복잡하게 변화한다.

이와 같은 물과 공기의 장대한 순환이 '하늘의 기운', 다시 말해 기상의 변화를 '만들어내는' 것이다.

하늘의 과학은 물과 공기라는 유체의 순환을 다루는 과학이라고 볼 수 있으리라.

대기권 근방의
전리권·자기권·방사선대

지구를 지켜라!

지구 주변에는 대기의 층이 존재한다. 이 높이를 100km로 볼 경우 지구의 반지름 6,378km(적도 반지름)에 비하면 60분의 1밖에 되지 않는다. 기상현상이 발생하는 10km까지는 600분의 1에 불과하다. 인류를 비롯한 지구상의 생명체들은 바로 이 대기층에서 살아가고 있다.

대기가 존재하는 덕분에 우리는 호흡할 수 있고, 평균 기온 15℃라는 쾌적한 환경이 유지되며, 동시에 우주공간이라는 혹독한 환경으로부터 보호를 받을 수 있다. 여기서는 대기 바로 바깥쪽에 존재하는 특별한 공간에 대해 설명하도록 하겠다.

지구 주변에는 대기권 외에 전리권·자기권·방사선대가 존재한다. 기상의 변화에는 영향을 끼치지 않지만 지구의 환경에 대해 알아볼 때 매우 중요한 부분이다.

전리권

전리권은 성층권보다 위쪽인 중간권·열권에 존재한다. 전리층이라고도 한다. **고도는 약 50km에서 500km로, 희박한 대기 원자나 분자가 태양으로부터 날아드는 자외선이나 X선을 받아 전리된 상태**를 이루고 있다. 전리(電離)란 원자가 전자를 방출함에 따라 이온화되는 현상을 말한다. 전자는 음전기를 갖고 있기 때문에 전자를 방출한 원자는 양전기를 갖게 된다.

전리권은 전기를 띠고 있기 때문에 장파대·중파대·단파대와 같은 낮은 주파수(파장 1km~100m)의 전파를 반사한다. 고도가 높아질수록 자외선이

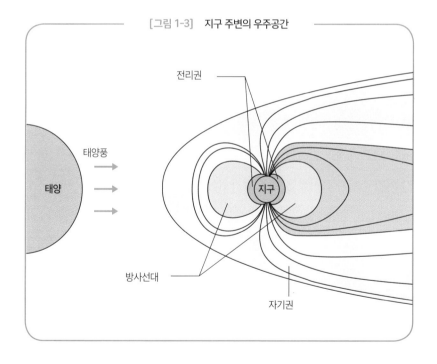

[그림 1-3] 지구 주변의 우주공간

태양풍

태양

전리권

지구

방사선대

자기권

강해지므로 대기가 전리되기 쉬워서 전자의 밀도가 높아진다. 반대로 고도가 낮아지면 낮아질수록 전자의 밀도가 낮아진다. 이 차이에 따라 반사되는 전파의 파장이 달라진다.

전리권은 고도가 낮은 곳부터 D층 · E층 · F층(F1 · F2)으로 나뉜다. D층은 고도 60~90km, E층은 90~130km, F1층은 130~220km, F2층은 220~800km다.

전리권은 시간에 따라서도 전리 상태가 달라진다. 야간에는 태양으로부터 자외선이 날아들지 않으므로 전자의 밀도가 낮아지고 전파를 반사하지 않게 된다. 또한 태양의 활동이 활발해지면 D층의 전자 밀도가 높아져서 단파대(3~30MHz)의 전파가 흡수되어 통신이 두절되는 경우가 있다. 이를 델린저 현상이라고 부른다.

그리고 E층의 전자 밀도가 높아지면 스포라딕 E층이라는 층이 나타나는데, 초단파대(30~300MHz)의 전파가 고도 100km 전후의 E층에서 반사되어 수천 킬로미터나 떨어진 곳까지 퍼지는 경우가 있다. 업무용 통신에 장애를 일으키기도 하지만 한편으로는 느닷없이 초원거리 통신이 가능해지니 아마추어 무선사라면 무척 반가워하지 않을까.

일반인이 경험할 수 있는 경우로는 야간이면 멀리 떨어진 중파 라디오국의 방송이 들려오는 현상이 있으리라. 야간에는 최하층인 D층이 사라지고 전파가 그 위쪽인 E층에서 반사되기 때문에 전파가 멀리까지 도달하는 것이다.

또한 현대인의 생활 필수품으로 자리매김한 GPS와 같은 GNSS(위성 측위 시스템)의 경우, 위성으로부터 방출된 전파(1.5GHz대)가 전리층을 통과할 때 전자의 밀도 차이로 전파 속도에 동요가 발생해 지상의 단말기까지 도달하는 시간에 약간의 오차가 발생한다. GNSS는 이러한 오차를 자동으로 보정한다.

자기권

지구에는 지자기(地磁氣)가 존재한다. **북쪽에 S극, 남쪽에 N극이 존재하며, 자력선은 남극 쪽인 N극에서 북극 쪽으로 흐른다.** 나침반의 N극이 북극 방향으로 향하는 이유는 북극점(자전축이 존재하는 곳) 부근에 자북(또는 북자극. 자석이 가리키는 북쪽)이 있기 때문이다. 실제 자북은 북극점과는 다소 떨어져 있으며 심지어 해마다 이동한다. 2020년에는 캐나다의 북단 부근에 있었다.

지구 주위에는 지구의 자기장에 의해 생겨난 자기권이 존재하는데, 자기권은 태양풍(태양으로부터 날아드는 양자·헬륨 원자핵·전자 등의 입자)에 밀려 나는 듯한 형태로 형성되어 있다.

자기권에서는 태양풍에 따른 압력과 지구의 자기장에 따라 작용하는 힘이 평형을 이룬다. 태양으로 향하는 쪽은 태양풍의 강한 압력을 받기 때문에 지구 중심으로부터 약 70만 km, 그와 반대쪽은 640만~6,400만 km나 뻗어 나와 있다. 지구에서 달까지의 거리가 약 38만 km이니 그보다 100배 이상 뻗어 나와 있는 셈이다.

자기권에서 태양풍의 전기를 띤 입자는 자기장을 따라 흐르기 때문에 저중위도 지방에서는 지표까지 도달하지 않는다. 다만 **극지방에서는 자기장이**

지표 방향으로 수렴해 있으므로 하전입자가 낮은 고도까지 도달할 수 있다. 이렇게 해서 발생하는 현상이 바로 오로라다. 오로라는 하전입자가 낮은 고도까지 도달하는 극지방에서만 볼 수 있다.

태양 표면에서 대규모의 플레어(흑점 주위에서 볼 수 있는 커다란 폭발 현상)가 발생하면 하전입자가 대량으로 날아들어 자기권에 교란이 발생한다. 이 현상이 자기폭풍이다. 거센 자기폭풍이 발생하면 전기를 띤 입자가 자기권을 뚫고 지표에 도달하기도 한다. 이럴 때는 지상의 전력망 등에 장애가 발생하거나 우주공간을 비행하는 인공위성의 전자기기가 손상되는 경우가 있다. 1989년 3월 13일에는 캐나다 퀘벡주에서 자기폭풍으로 인한 대규모 정전 사태가 일어났다.

이렇듯 소규모의 태양 플레어는 빈번하게 발생하고 있지만 지구 환경에 영향을 줄 정도로 규모가 큰 플레어는 1년에 몇 번밖에 발생하지 않는다. 그 외에 슈퍼 플레어라 해서 기존의 1,000배 이상의 거대 플레어가 발생하는 경우도 있다. 슈퍼 플레어가 발생하면 지구 환경에 막대한 영향을 끼친다고 한다.

대규모 태양 플레어가 발생하면 하전입자가 극지방의 낮은 곳까지 침투하므로, 고도 3만~4만 피트에서 극지방을 비행하는 항공기의 경우 방사선 피폭으로부터 승무원과 승객을 보호할 필요가 있다.

따라서 국제민간항공기관(ICAO)이 항공기 운항자를 위해 전달하는 항공정보(NOTAM) 중에는 태양 플레어에서 비롯된 방사선에 관한 정보가 있다.

본격적인 우주 개발 시대를 맞이하게 될 미래에는 태양풍에 따른 우주공간의 교란 정보와 예보(우주 일기예보) 역시 점차 중요해질 것이다.

국제우주정거장(ISS)에 탑승 중인 우주비행사는 우주공간에서 방사선의 양이 증가할 것으로 예측될 경우, 곧바로 벽이 두꺼운 안전한 모듈로 피난하게끔 되어 있다. 또한 가까운 장래에는 유인 달 탐사선·화성 탐사도 계획되어 있으므로 대규모 태양 플레어에 따른 방사선 피폭에 대하여 충분한 관심이 필요하다.

방사선대

지구 주변에는 방사선대라는 권역도 존재한다. 이는 우주로부터 날아든 양자나 전자 등의 입자가 지구의 자기장에 붙잡히면서 생겨난 것이다. 밴앨런대라고도 불리며, **1958년에 미국의 인공위성 익스플로러가 발견**했다.

방사선대는 지구를 에워싸듯이 내층과 외층의 두 가지 층으로 나뉘어 있다. 내층은 약 3,000km 거리에 위치해 있고 양성자가 많으며, 외층은 약 2만 km 부근에 위치해 있고 전자가 많은 층이다. 각각의 층은 극지방에서는 얇고 적도 방향에서는 두껍다. **방사선대는 지상을 강한 우주방사선으로부터 지켜주는 방어막**이다.

지구의 생명체가 안전하고 쾌적하게 살아갈 수 있는 환경은 대기·자기권·방사선대 등 여러 겹의 방어막이 우주로부터 날아드는 방사선과 하전입자를 막아주기 때문에 성립되는 셈이다.

날씨의 변화는 어디에서 일어나는가?

대류권과 권계면

날씨란 하늘의 낌새를 말하는 것으로, 우리 머리 위의 하늘이 변화하는 양상이다. 날씨의 변화는 대류권에서 일어난다.

대기권에서도 가장 아래쪽에 존재하는 층인 대류권은 지표와 맞닿아 있는 부분이다. 또한 대류권의 상단은 성층권과 맞닿아 있는데, 이 경계 부분을 대류권계면이라고 부른다. 대류권에서는 공기가 대류를 통해 매우 활발하게 뒤섞이고 있다.

맑은 날이 있으면 흐린 날이나 비가 내리는 날도 있고, 폭풍이 몰아치는 날이 있으면 안개가 자욱한 날도 있다. 적란운이 발달하거나 번개가 치기도 한다. 이처럼 대기가 가장 극적인 모습을 보여주는 곳이 바로 대류권이다.

대류권은 지표면과 맞닿아 있기 때문에 지면이나 바다로부터 열과 수증기가 보급된다. 따뜻해진 공기는 상승기류로 변하고, 특정 위치까지 상승하면 결로를 일으켜 구름을 만들어낸다. 구름 속의 구름 입자가 늘어나면 작은 물방울을 만들어내는데, 한층 더 크고 무거워져서 상승기류를 타고 떠 있을 수 없게 되면 비로 변해 지상으로 떨어진다.

또한 상공으로 올라간 공기는 단열팽창(외부와의 열 교환 없이 팽창하는 현상)을 통해 온도가 낮아진다. 그리고 특정 고도에서 수평 방향으로 흐르다 이번에는 하강기류로 변해 지면을 향해 내려온다. 대류권계면이 천장(실링)처럼 작용하는 셈이다.

모루구름

여름철에 적란운이 발달하는 전성기를 맞이하면 구름 꼭대기 부근에서 구름이 가로로 흐르며 모루구름을 만들어낸다. 대류권계면을 통과하지 못한 구름이 가로로 흘러가기 때문이다. **모루구름이 보인다는 사실은 바로 그 자리에 대류권과 성층권의 경계면이 있음을 의미한다.**

대기의 대순환

지면이나 바다에서 따뜻해지고 가벼워지면서 상승한 공기는 권계면에서 수평 방향으로 흐르다 다시 하강한다. 이렇게 공기가 연직 방향과 수평 방향으로 순환함에 따라 열에너지가 적도 방면으로부터 극지방으로 운반된다. 이처럼 대기가 대규모로 순환하기 때문에 극지방과 적도 지방에서 극단적인 온도차가 없는 안정된 환경이 만들어지는 것이다.

대기를 자오선을 따라 잘라 옆에서 보면 연직 방향으로 순환하고 있음을 알 수 있다(그림 1-4 참조).

기온이 높은 적도 부근의 공기는 상승해서 북쪽으로 향하다 중위도 지방에서 하강한다. 이를 해들리 순환이라고 부른다. 그보다 북쪽에는 한대에서 온대로 흐르는 순환이 있다. 북위 60° 정도에서 상승해 권계면에서 남쪽으로 흐르다 온대지방에서 하강한다. 이를 페렐 순환이라고 한다. 또한 그보다 북쪽에는 극 순환이라 불리는 흐름이 존재한다. 이 순환은 한대지방에서 상승해 극지방에서 하강한다.

기온이 높은 저위도~중위도에 존재하는 해들리 순환에서는 대류권계면의 고도가 높고, 페렐 순환, 극 순환의 순서로 극지방과 가까워지면서 기온

[그림 1-4] 대기의 대순환

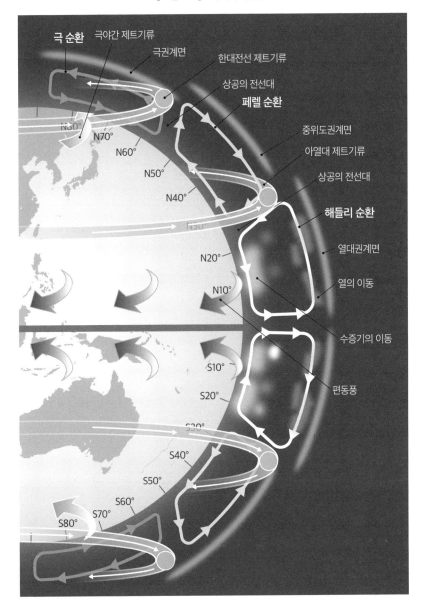

극 순환 극야간 제트기류
극권계면
한대전선 제트기류
상공의 전선대
페렐 순환
중위도권계면
아열대 제트기류
상공의 전선대
해들리 순환
열대권계면
열의 이동
수증기의 이동
편동풍

N70°
N60°
N50°
N40°
N30°
N20°
N10°
S10°
S20°
S30°
S40°
S50°
S60°
S70°
S80°

N30°

이 낮아지기 때문에 대류권계면의 고도 역시 낮아진다.

이 세 가지 순환의 사이에 낀 권계면 부근에서는 동서로 흐르는 강한 바람대가 존재한다. 바로 제트기류다. **제트기류는 서로와 인접한 두 공기 덩어리의 온도차에 따라 발생하는 바람**이다. 해들리 순환과 페렐 순환의 사이에서 생겨나는 바람이 아열대 제트기류(Jet subtropical, 기호 Js), 페렐 순환과 극 순환 사이에서 생겨나는 바람이 한대전선 제트기류(Jet polar, 기호 Jp)이다.

제트기류는 풍속 60노트(30m/s) 이상의 강풍대로, 길이는 수천 킬로미터, 폭은 수백 킬로미터, 두께는 수 킬로미터에 달한다. 서쪽에서 동쪽으로 중위도 지방의 상공에 흐르는 제트기류는 편서풍이라고 불리기도 한다.

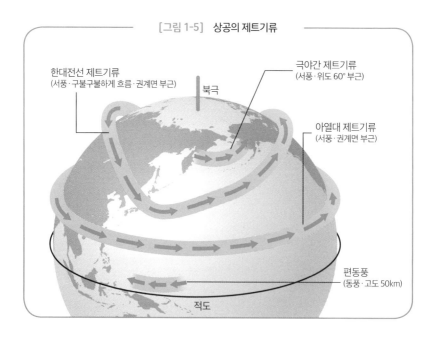

[그림 1-5] 상공의 제트기류

한대전선 제트기류
(서풍·구불구불하게 흐름·권계면 부근)

북극

극야간 제트기류
(서풍·위도 60° 부근)

아열대 제트기류
(서풍·권계면 부근)

편동풍
(동풍·고도 50km)

적도

제트기류는 여름이면 적도 방면 기단의 세력이 강해지기 때문에 북상(위도가 높은 쪽으로 이동)하고, 반대로 겨울이 되면 남쪽으로 내려간다. 겨울이면 일본의 혼슈 상공 부근에서 부는 한대전선 제트기류는 여름에는 홋카이도 북쪽까지 북상한다.

이 제트기류는 남북으로 구불구불하게 흐르므로 이에 따라 저기압과 고기압이 생겨나고, 찬 공기가 남쪽으로 내려가거나 따뜻한 공기가 북상하면서 기상의 변화가 발생한다.

서로 다른 연직순환이 인접한 장소에는 전선이 존재한다. 전선이라 하면 보통 지상 일기도에 나타난 온난전선이나 한랭전선 등이 먼저 떠오를 텐데, 이는 상공의 전선이 지표면과 맞닿은 부분이다. **지상의 전선을 따라 상공으로 올라가보면 제트기류의 강풍축까지 이어진다.** 이 부분이 상공의 전선대다.

전선이란 성질이 다른 공기가 맞닿은 면으로, 온도·기압·습도·풍향과 풍속 등에서 크게 차이가 나는 부분이다. 따라서 상공의 전선대에서는 전단(서로 다른 성질의 대기층이 부딪치는 것)이 생겨나고, 상공의 전선대 및 그 주변에는 대기의 불규칙한 유동이 발생한다.

상공의 전선대에서는 구름이 없더라도 기류가 나쁜 공역이 존재하는데, 비행기가 이 공역에 접어들면 갑자기 심하게 요동을 치게 된다. 이 현상이 바로 청천난류(CAT)다. 청천난류가 발생하기 쉬운 장소는 고층 일기도의 해석이나 항공기에 탑재된 날씨 레이더로 어느 정도는 예측할 수 있지만 느닷없이 예기치 못한 난기류와 맞닥뜨리는 경우도 있다.

또한 제트기류는 겨울이면 200노트(370km/h)를 넘기도 한다.

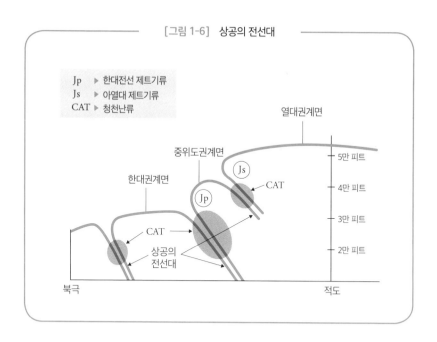

[그림 1-6] 상공의 전선대

Jp ▶ 한대전선 제트기류
Js ▶ 아열대 제트기류
CAT ▶ 청천난류

열대권계면

중위도권계면

한대권계면

Js

Jp

CAT

한대권계면

CAT

상공의
전선대

5만 피트

4만 피트

3만 피트

2만 피트

북극

적도

제2차 세계대전 당시는 아직 제트기류에 대한 연구가 충분치 않아, 마리
아나 제도에서 일본을 공습하기 위해 날아오른 미국의 B-29 폭격기가 고
고도의 강한 서풍에 가로막혀 고전한 적이 있다고 한다.

한편 일본은 그 무렵 이미 제트기류의 존재를 알고 있었기 때문에 폭탄
을 매단 풍선을 제트기류에 실어 미국까지 날려 보내는 '풍선 폭탄'을 개발
했다.

초고층 대기의 물리

밝혀지지 않은 부분도 남아 있는 신비한 영역

2017년 12월 22일 저녁, 미국 캘리포니아주의 상공에 이상하게 생긴 빛나는 구름이 출현했다. 구름은 음산하게 퍼져나가다 이윽고 사라졌다. 이 현상은 캘리포니아주 반덴버그 공군기지에서 미국의 항공우주개발회사인 스페이스X사가 쏘아 올린 팰컨9이라는 로켓에서 분사된 가스가 원인이었다.

어떠한 원리로 이러한 현상이 발생했는지는 알려지지 않았지만, 성층권보다도 높은 고도에서 로켓의 배기가스 속 미립자를 핵으로 삼아 수증기가 결로되면서 생겨난 비행운의 일종으로 생각된다. 상공에는 아직 태양빛이 다다르고 있었기 때문에 빛나 보였던 것이다.

대류권계면 밑을 순항하는 일반적인 비행기가 만들어내는 비행운은 일직선처럼 보인다. 이는 해당 고도에서는 바람이 안정적으로 불고 있음을 가리킨다. 하지만 주의 깊게 살펴보면 비행운이 지그재그 패턴이거나, 중간에 끊어져 있거나, 물결치는 듯한 형태를 띠고 있는 경우가 있다.

초고층 바람의 정체에 대해서는 아직 밝혀지지 않은 부분도 많지만 팰컨 9이 만들어낸 구름을 통해 초고층 바람이 어떤 느낌인지가 조금이나마 드러나지 않았을까 싶다.

오존층

오존층은 성층권에 존재하는 층으로, **고도 15~30km 부근에서 가장 오존 농도가 짙다.** 오존(O_3)은 산소 원자 세 개로 이루어진 물질이다. 태양으로부터 날아드는 강한 자외선에 산소 분자가 분해되고 산소 원자 세 개가 결합해 오존이 된다. 오존은 자외선을 맞으면 분해되어 두 개의 산소 원자로 나뉜다.

오존층은 인체에 유해한 파장이 짧은 자외선(UV-C, 파장 100~280nm)을 흡수한다. 오존층 덕분에 인류를 비롯한 여러 생명체가 안전하게 살아갈 수 있는 셈이다.

하지만 오존층의 농도가 옅어지는 현상이 벌어지고 있다. 오존층의 농도가 옅어진 곳을 오존홀이라고 부른다. 오존층이 사라지면 유해한 자외선이 지상까지 다다르기 때문에 주의해야만 한다. 오존홀은 극지방, 주로 남극 상공에 생겨난다.

에어컨 등에 사용되는 냉매 중 일부인 특정 플론(오존층을 보호하기 위해 몬트리올 의정서에서 규제 대상으로 정한 다섯 가지의 플론 가스-옮긴이)이 고도 40km 부근까지 상승하면 태양에서 내리쬔 자외선에 분해되어 염소가 생성되는데, 이것이 촉매로 작용해 오존층을 파괴하면서 오존홀이 생겨난다.

그렇다면 북극 상공이 아닌 남극 상공에 오존홀이 자주 생겨나는 이유는 무엇일까. 남극 상공에는 '극소용돌이'라는 대기의 흐름이 존재하므로 다른 곳과는 격리된 소용돌이가 생겨난다. 이 흐름에서 독특한 구름이 만들어지고, 이 구름이 화학반응을 촉진시키기 때문에 북극권보다 남극권에 오존홀이 더 많은 것으로 생각된다.

행성파

중위도 지방 상공의 대류권계면 부근에서 일어나는 강한 서풍의 흐름을 행성파라고 한다. 파장의 길이(파장의 수)가 긴 편서풍 파장이 바로 행성파다. 로스비파라고 불리기도 한다. 이 흐름은 지구를 일주하는 규모의 바람으로, 남북으로 완만하게 구불구불 흐른다. 이 파장의 수를 나타내는 파수(파장의 수, 파장의 산에서 산까지가 파수 1)는 보통 1~5 정도다.

행성파의 구불구불한 흐름은 블로킹 고기압을 생성하는 등, 기압의 배치에 영향을 미친다.

오로라

오로라는 고위도 지방의 상공 약 100~500km에서 나타나는 발광 현상이다. 오로라의 에너지원은 태양으로부터 날아드는 태양풍이다. 태양풍은 태양의 플레어(태양 표면에서 발생하는 폭발 현상)와 코로나 질량 방출(태양의 표면에서 뿜어져 나오는 거대한 화염인 프로미넌스)가 우주공간에 플라스마 입자를 방출

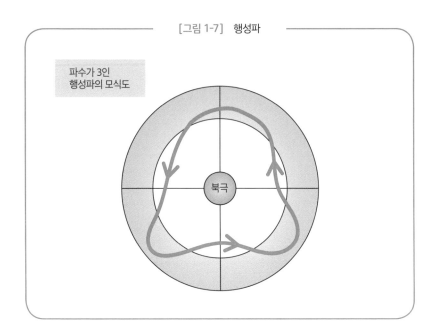

[그림 1-7] 행성파

파수가 3인
행성파의 모식도

북극

하는 현상) 등에 따른 하전입자의 빠른 흐름이다.

이 하전입자를 고위도 지방까지 운반하는 것이 바로 자기권의 자기 흐름
이다. **위도 65°에서 70° 정도의 고위도 지방에는 자기장이 약한 곳이 있는데, 이곳
으로 하전입자가 유입된다.**

고도 100~500km에서 하전입자가 초고층 대기 중의 산소나 질소 원
자 · 분자와 부딪혀 빛을 발생시킨다. 이 발광 현상은 여기(勵起)라 불리는
현상으로, **고에너지 입자가 원자와 충돌하면서 산소 원자나 질소 원자의 전자가 에
너지를 얻어 높은 에너지를 지닌 전자 궤도로 이동한 후, 이내 본래의 낮은 궤도로
돌아간다. 이때 흡수한 에너지를 빛으로 방출하는 것이다.**

이때의 색깔은 원자의 종류에 따라 달라진다. 산소 원자는 초록색으로, 질소 원자는 파란색으로 발광한다. 또한 발광색은 플라스마가 지닌 속도에 따라서도 달라진다. 빠른 입자는 더욱 낮은 곳까지 도달하므로 산소보다도 질량이 큰 질소 분자가 많은 저고도에서 발광한다. 오로라의 색깔이 다양한 이유는 이처럼 플라스마가 지닌 에너지에 따라서도 발광하는 색이 달라지기 때문이다.

그 밖의 초고층 대기현상

초고층 대기 내부에서는 야광운이 생겨나는 경우가 있다. 이는 중간권계면과 가까운 고도 80km 부근, 위도 60° 정도에서 매우 드물게 관측되는 구름이다. 구름의 입자는 0.1마이크로미터(μm) 이하의 크기로, 매우 적은 양의 수증기가 결로되면서 레일리 산란(빛의 파장보다도 작은 입자에 따른 산란)이 발생해 푸르스름하게 보인다.

자연적으로 발생하는 야광운은 많지 않으나, 최근에는 로켓을 발사할 때 로켓의 배기가스에 섞인 수증기가 배기 중의 먼지를 응결핵으로 삼아 극미량의 구름 입자를 생성, 태양빛을 산란해 빛을 내는 것처럼 보이는 현상이 관측되고 있다.

그 외에도 지상으로 떨어지는 낙뢰와 함께 반대 방향인 우주공간으로 향하는 방전 현상이 존재한다는 사실이 밝혀진 바 있다. 이를 스프라이트라고 부른다. 빨간빛을 띠고 있으므로 레드 스프라이트라고도 한다. 발생하는 고도는 약 50~80km다.

제 2 장

대기의
기본적인 성질

대기의 표준적인 상태를 나타낼 때에는 국제표준대기(ISA)라는 모델을 사용한다. 대기는 상공으로 올라갈
수록 공기의 밀도와 기압이 낮아진다. 고기압과 저기압이 존재하며, 고도 변화에 따른 기온의 체감률 역시
수증기의 양에 따라서도 변화한다. 또한 고도가 상승하는 도중에 온도가 높아지는 역전층도 존재하는데,
이러한 요인들이 기상의 변화에 큰 영향을 미친다.

굴뚝이 높은 이유

대기의 압력

예전에는 공장에 높다란 굴뚝이 줄줄이 세워져 있었다. 굴뚝을 높게 세우는 데에는 이유가 있다. 높으면 높을수록 굴뚝 끝부분의 공기압이 지상보다 낮아져서 연기가 잘 배출되기 때문이다.

또한 상공으로 갈수록 바람 역시 강해지므로 압력이 줄어든다. 이는 베르누이의 정리로 설명이 가능하다. **유체에는 흐르는 힘인 동압(動壓)과 주위에 미치는 힘인 정압(靜壓)이 있다. 정압과 동압을 더한 것이 전압(全壓)으로, 전압은 항상 일정하기 때문에 동압이 커지면 정압은 작아지고, 동압이 작아지면 정압은 커진다.** 상공은 지상보다도 바람이 강한 경우가 많으므로 정압이 작아져서 연기를 빨아내기 쉬워진다.

굴뚝 안의 연기는 대개 연소 과정에서 배출되는 물질로, 고온의 가스는 가볍기 때문에 위로 올라가기 쉽다는 점도 이유 중 하나다.

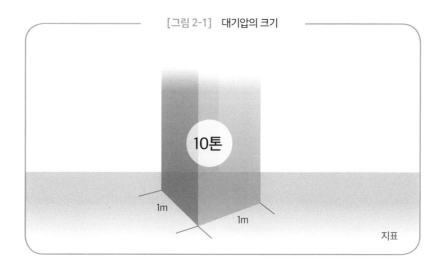

[그림 2-1] 대기압의 크기

10톤

1m

1m

지표

　공기에는 무게가 있는데, 이것이 지표에 가해지는 힘이 바로 기압이다. 상공으로 올라갈수록 공기의 밀도는 작아지고 기압 역시 낮아진다. **지표면의 1m²당 가해지는 힘의 크기는 약 10톤**이나 된다. 이는 가로세로 1m의 면적에 가해지는 공기 기둥의 무게라고도 볼 수 있다. 상공으로 올라감에 따라 공기 기둥의 길이도 짧아지는 만큼 가해지는 힘 역시 줄어든다.

　상공으로 올라갈수록 공기의 밀도가 낮아지고 기압도 낮아진다. 어느 정도나 낮아질까. 대기의 상태는 시시각각 변화하므로 대기에 대해 알아볼 때에는 표준치가 필요하다. 그래서 대기의 표준적인 상태를 나타낸 국제표준대기(ISA)라는 모델이 만들어졌다.

　대기의 상태는 항공기의 운항이나 성능에 영향을 미치므로 국제민간항공기관(ICAO)에 따라 이 모델에는 다음과 같은 조건이 정해져 있다.

1. 수증기가 포함되지 않은 건조한 공기.

2. 해수면상의 온도는 15℃.

3. 해수면상의 기압은 760mmHg(1,013.2hPa).

4. 해수면상에서의 온도가 −56.5℃가 될 때까지의 온도 기울기는
    −0.0065℃/m이며, 그 이상의 고도에서는 0.

5. 해수면상의 밀도 ρ_0은 0.12492kg · s^2/m^4.

이 표준대기 조건에서 공기의 밀도·기압·온도는 고도가 상승함에 따라 낮아진다. 공기 밀도는 약 6,700m(2만 2,000피트)에서 2분의 1로 줄어들

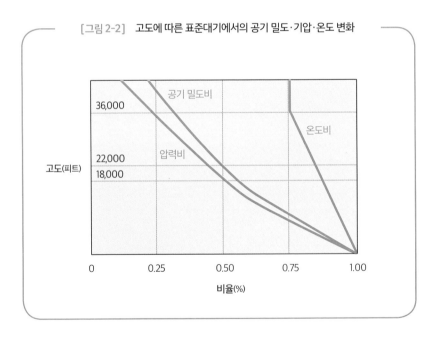

[그림 2-2] 고도에 따른 표준대기에서의 공기 밀도·기압·온도 변화

제 2 장 대기의 기본적인 성질

고, 기압은 약 5,500m(1만 8,000피트)에서 2분의 1로 줄어든다. 온도는 1m 당 0.0065℃씩 낮아지니 100m 상승하면 0.65℃가 낮아진다. -56.5℃까지 낮아지는 고도는 약 1만 1,000m(3만 6,000피트)다. 제트여객기는 대체로 이 정도 고도에서 비행하고 있다. **이 고도에서 공기의 밀도는 지상의 약 3분의 1, 기압은 지상의 약 4분의 1에 불과하다.**

이처럼 대기는 연직 방향으로 크게 변화하고 있다. 여기서 표시된 수치는 표준대기로 지정된 모델의 수치로, 실제 대기는 다양하게 변화한다. 고기압과 저기압이 존재하며, 고도 변화에 따른 기온의 체감률(遞減率, 시간의 경과와 함께 수량이나 정도 따위가 점차 낮아지는 비율-옮긴이) 역시 수증기의 양에 따라서도 변화한다. 또한 고도가 상승하는 도중에 온도가 높아지는 역전층도 존재하는데, 이러한 요인들이 기상의 변화에 큰 영향을 미친다.

고원이 서늘한 이유

고도에 따른 기온의 변화

여름이면 많은 사람들이 무더위를 피해 고원으로 여행을 떠난다. 어째서 고원은 서늘한 걸까. 그 이유는 고도가 100m 높아질 때마다 기온이 약 0.65℃씩 낮아지기 때문이다. 그렇다면 기온이 왜 낮아지는 걸까. **상공으로 올라갈수록 기압이 낮아지고 공기가 팽창하기 때문이다. 팽창하면 밀도가 작아지므로 온도가 낮아진다.**

물질의 온도는 분자의 운동에 따라 결정된다. 밀도가 낮아지면 일정 부피당 분자의 수가 줄어들기 때문에 기온이 낮아지는 것이다. 이를 단열팽창이라고 한다. 반대로 압력이 높아지면 온도 역시 높아진다. 이를 단열압축이라고 한다. **공기 덩어리가 상승·하강할 때는 주변의 공기와 열 교환을 거의 하지 않는다고 보아도 무방하다.**

종종 일기예보에서 '상승한 공기가 주변 공기에 의해 식어서 대기의 상태

제 2장 대기의 기본적인 성질

가 불안정해질 것이다'라는 해설이 들려오곤 하는데, 정확하게 말하자면 이는 잘못된 해설이다. 식는 것이 아니라 공기가 상승함에 따라 자연히 온도가 점점 낮아지는 것이다.

단열팽창·단열압축은 다양한 분야에서 공업적으로 이용된다. 예를 들어 에어컨이 있다. 에어컨은 플론 가스 등의 냉매를 컴프레서로 압축해 온도를 높인 후, 곧이어 단숨에 팽창시키는 공정을 연속적으로 일으켜서 냉난방을 실시한다. 자동차 타이어에 펌프로 공기를 넣을 때면 펌프가 뜨거워진다. 이는 단열압축에 따른 승온(昇溫)이다. 또한 스프레이 캔으로 스프레이를 분사하면 캔이 차가워지는데, 압축된 채 채워져 있던 가스가 밖으로 나오면서 단숨에 팽창했기 때문이다.

단열팽창으로 온도가 저하되는 현상을 눈으로 볼 수 있는 좋은 사례가 있다. 바로 비행기 날개 주변에 발생하는 수증기의 흐름이다. 습도가 높은 날에 비행기가 이착륙하는 모습을 살펴보면 주날개 위에서 아래를 향해 안개처럼 하얀 수증기 줄기[베이퍼(김, 증기) 혹은 컨트레일(비행운)이라고 부른다]가 보일 때가 있다. 이는 날개 일부에 부압(다른 곳에 비해 기압이 낮은 부분)이 생겨났을 경우 발생하는 현상이다. 수평 비행 상태에서도 주날개 윗면은 기류의 흐름이 빠르고 아랫면은 느리다. 주날개 윗면에서는 베르누이의 정리에 따라 압력이 낮아지므로 습도가 높을 때는 베이퍼를 볼 수 있다.

베이퍼는 비행기가 급격하게 기동할 때 특히 뚜렷하게 보인다. **급격하게 기수를 들어 올리거나 급히 선회하면 날개 윗면이나 날개 끝부분의 압력이 줄어들어서 결로된 수증기의 흐름이 정확히 보이는** 경우가 있다.

비행기의 주날개에 생겨난 수증기 띠

　단열압축은 저속으로 비행하는 프로펠러기와는 별 관계가 없지만 공기의 압축성이 발생하는 천음속(마하수 0.75~1.2) 이상으로 빠르게 비행하는 제트기에서는 그 효과가 여실히 드러난다.

　흔히 고속으로 비행하면 기체가 공기와 마찰을 일으키며 온도가 상승한다고들 말하지만, 이는 마찰이 아니라 기체 표면의 공기가 압축되면서 단열압축을 통해 온도가 상승하는 현상이다.

　비행기 기체에는 외부 공기의 온도를 측정하는 센서가 부착되어 있다. 소형 프로펠러기 등은 압축성을 무시해도 되므로 외기온도계(OAT: Outer Air Temperature)로 외부 공기의 온도를 측정하지만 제트여객기에는 SAT(Static Air Temperature)와 TAT(Total Air Temperature)라는 온도 센서가 부착되어 있다. 전자는 기체 주변의 공기 온도를 측정하는 외기온도계, 후자는 기체 표면의 온도를 측정하는 온도계다. 예를 들어 3만 피트 이상의 고고도에서 외부의 기온은 영하 50℃에 가까워지지만 기체 표면은 영하 10℃에 머무른다. 이는 천음속이라는 빠른 속도에 공기가 압축되면서 단열압축을 통해 기체 표면의 온도가 상승하기 때문이다.

비행기의 연료탱크는 동체 중앙과 주날개 안에 있는데, 본래 제트연료는 약 영하 50℃까지는 얼어붙지 않고 단열압축으로 인해 뜨거워지기도 하므로 고공으로 올라간다 해도 연료가 동결되는 일은 없다.

공기의 점성이란

점성유체·비점성유체

공기에는 점성이 있다. 점성이란 무엇일까. 물속을 걸을 때면 다리에 강한 저항이 느껴진다. 이것이 바로 점성이다. 공기는 물보다 분자의 밀도가 낮으므로 공기 안에서 팔다리를 움직이더라도 거의 아무런 느낌도 받지 못하지만, 실제로는 물과 마찬가지로 점성이 존재한다. 다만 1m³의 물은 무게가 약 1,000kg인 반면 동일한 부피의 공기는 약 1.2kg(1기압 15℃)이다. 이 사실을 고려하면 공기에서는 물만큼의 점성이 느껴지지 않는 이유를 직관적으로 이해할 수 있을 것이다.

점성은 어째서 생겨나는 걸까. 이는 유체의 속도 차에 기인한다. 공기가 물체의 표면과 맞닿은 부분의 유속은 0이며, 충분히 떨어져 있으면 유체 전체의 흐름과 동일해진다. **물체의 표면과 맞닿은 부분에서는 속도 기울기(속도의 변화율)가 생겨나는데, 이것이 항력으로 작용하면서 점성이 발생한다.**

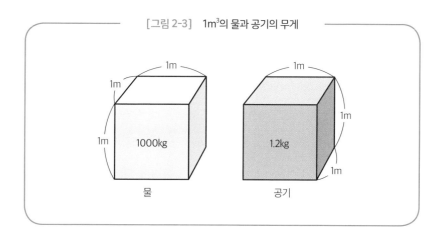

[그림 2-3] 1m³의 물과 공기의 무게

1m
1m
1m
1000kg

물

1m
1m
1m
1.2kg

공기

속도 기울기가 있는 부분을 경계층이라고 부른다. 여기에서의 속도 변화가 전단응력(흐름에 대해 평행 방향으로 작용하는 힘)이 되어 강한 항력을 만들어낸다.

모든 유체에는 점성이 있지만 이상적인 상태, 다시 말해 수학적으로만 존재하는 점성이 없는 비점성 유체(완전 유체, 이상 유체라고도 한다)도 있다.

속도 기울기의 크기와 비례해 점성력이 직선적으로 커지는 일반적인 유체를 뉴턴 유체라고 부른다. 그 외

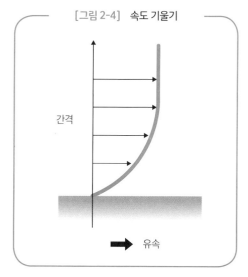

[그림 2-4] 속도 기울기

간격

유속

에 비뉴턴 유체라고 불리는 유체가 있는데, 이쪽은 비선형적인 항력 변화를 보인다.

틱소트로피 유체는 힘껏 휘저으면 항력이 줄어들어서 잘 섞이게 된다. 페인트 등이 그렇다. 딜레이턴트 유체는 속도 기울기가 커지면 점성 역시 급격히 강해지는 유체다. 빙햄 유체는 속도의 차이가 없을 때는 고형이지만 힘이 가해지면 움직이기 시작해 점성이 커지는 유체를 말한다. 예를 들어 지진이 발생할 때 생겨나는 액상화현상 등이 여기에 해당한다.

유체역학이란

흐름과 압력의 물리

유체역학은 흐름의 과학이다. 흐름에는 강물과 같은 액체의 흐름과 공기와 같은 기체의 흐름이 있다. 유체역학은 '흐름이란 무엇인가'라는 연구에서 시작해 이를 사회에 응용 및 활용하기 위해 발달해왔다.

최초의 관심사는 물의 흐름이었다. 아득히 먼 옛날부터 인류는 강 근처에서 생활했는데, 이따금 많은 비에 둑이 무너지면 큰 홍수가 일어나곤 했다. 따라서 대책을 강구해야만 했던 것이다. 또한 물은 생활에서 빼놓을 수 없는 존재다. 식수로는 물론 농업용수로도 반드시 필요했다.

고대 그리스의 아르키메데스는 물을 끌어 올리는 나사처럼 생긴 기계인 '아르키메데스의 스크루'를 고안했다고 한다. 또한 기원전 300년경에 건설되기 시작한 로마의 수도교는 대도시 로마로 물을 운반해 번영의 기틀을 다졌다.

15~16세기에 걸쳐 활약한 레오나르도 다 빈치는 수리학(水理學)을 연구한 인물로도 알려져 있다. 수리학이란 유체로서의 물의 성질에 관한 연구나 그 지식을 살린 하천 공사 등을 말한다. 레오나르도 다 빈치가 남긴 저서 『수기』에는 물과 관련된 고찰이나 수리(水理) 공사에 관한 이야기가 등장한다.

"기울기가 동등한 하천은 넓어지는 부분에서는 그만큼 느려진다."(『레오나르도 다 빈치의 수기(하)』, 스기우라 민페이 옮김, 이와나미문고)

"하천이 곧게 뻗어 있는 경우, 그 양쪽보다도 중앙에서 훨씬 힘차게 흐른다."(위의 책)

이 기술을 보노라면 레오나르도 다 빈치는 실로 흐름을 자세히 관찰했음을 알 수 있다. 일정한 기울기에서 같은 양의 물이 흐르면 강의 폭이 넓은 곳에서는 천천히 흐르고, 좁아지는 곳에서는 빠르게 흐른다. 바로 베르누이의 정리의 기본인 '연속방정식'이 가리키는 바를 말로 표현한 것이다.

물이 관 속을 통과할 때, 관의 입구에 단위 시간당 흐르는 물의 양은 입구와 출구 모두 동일하다. **중간에 관이 좁아지면 단위 시간당 유량을 일정하게 유지하기 위해 유속이 빨라지고, 관이 굵어지면 유속은 느려진다.**

Q를 유량, V를 유속, S를 관의 단면적, 1, 2, 3을 각 단면을 나타낸 기호로 본다면 〈그림 2-5〉가 된다.

관 속을 흐르는 물의 양은 일정 시간 동안 동일하므로 단면적이 좁은 곳에서는 유속이 빨라지고, 넓은 곳에서는 느려진다. 레오나르도 다 빈치는 무려 500년 전에 강물의 흐름을 보고 이 식에 나타난 사실을 이해한 셈

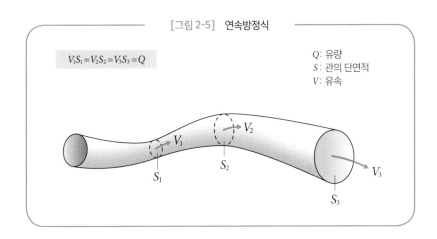

[그림 2-5] 연속방정식

$$V_1 S_1 = V_2 S_2 = V_3 S_3 = Q$$

Q: 유량
S: 관의 단면적
V: 유속

이다.

그는 실제로 운하나 수도의 설계에도 종사한 바 있으며 물과 같은 유체에 강한 관심을 보였던 모양이다. 이 사실은 명화 「모나리자」의 배경에 구불구 불한 강과 다리가 원근법으로 그려진 점, 그리고 그 너머에 강이 흘러드는 바다 혹은 호수가 그려진 점에서도 알 수 있다.

현재 유체역학의 중요성은 점점 더 높아지고 있다. 수도나 플랜트 배관 등 유체가 통하는 길이나 제방, 댐을 최소한의 비용으로 튼튼하게 건설하려 면 유체역학이 불가결하다.

비행기 역시 유체역학 없이는 날지 못한다. 비행기는 날개에 부딪히는 공 기의 흐름을 통해 양력을 얻어 하늘을 난다. 자동차 역시 연비를 향상시키 기 위해 가능한 한 공기의 저항을 줄여야 한다. 이 또한 유체역학으로 해결 해야 할 문제다.

일기예보는 유체역학을 가장 잘 살릴 수 있는 분야라 해도 과언이 아니리라. 공간을 수 킬로미터의 구획으로 나눠 바람의 흐름을 분석·예보해서 날씨를 예측하는 데 도움을 준다.

유체에 작용하는 힘과 단위

진공과 토리첼리의 실험

지면의 1m² 넓이에 가해지는 공기의 무게는 약 10톤으로, 이것이 1기압이며 1atm으로 표기한다. 1기압을 헥토파스칼(hPa)로 나타내면 1,013.25hPa이다. 그리고 이를 수은주의 높이로 나타내면 760mmHg이다(Hg는 수은의 원소기호. 수은주란 수은이 대기의 압력에 밀려 올라가는 높이를 말한다).

예전에는 왜 기압을 굳이 수은주의 높이로 나타냈을까. 바로 수은이 물보다 다루기 쉬웠기 때문이다. 처음에 대기의 압력, 즉 기압을 측정한 인물은 이탈리아의 물리학자 에반젤리스타 토리첼리(1608~1647)다.

갈릴레오 갈릴레이의 제자였던 토리첼리는 갈릴레이가 남긴 '우물물은 어째서 깊이가 10m 이상이 되면 퍼 올릴 수 없는가'라는 의문에 몰두했다. 토리첼리는 이 문제를 실험을 통해 확인하려 했지만 물을 사용하려면 길이가 10m나 되는 관이 필요했다. 그래서 길이 1.2m 정도의 유리관에 수은을 채워서 실험을 해보았다. 수은의 비중은 약 14배이므로 동일한 힘이 가해지더라도 길이는 약 14분의 1이면 충분하다.

수은을 가득 채운 유리관의 한쪽을 막고 수은으로 채워진 용기에 세워보니, 수은주는 서서히 가라앉다 용기에 가득 찬 수은의 표면으로부터 약 760mm 높이에서 멈춰 섰다. 이는 대기가 수은을 짓누르는 압력을 나타낸다. 만약 물로 같은 실험을 한다면 물기둥의 높이는 약 10m나 될 것이다. 다시 말해 갈릴레이가 제시한 '왜 물은 깊이가 10m 이상이면 퍼 올릴 수 없는가'란 문제는 대기압의 크기가 원인이었던 것이다.

토리첼리는 역사상 최초로 대기압을 측정한 인물로 여겨진다. 참고로 이 실험에서 유리관 안에서 수은주가 가라앉은 공간에 생겨난 것은 공기가 전혀 없는 '진공'이었다. 토리첼리는 역사상 최초로 진공(토리첼리의 진공)을 만들어낸 인물이기도 했다. 그리고 이는 과학사에 길이 남을 실험으로, '토리첼리의 실험'(1643년)이라고 불린다.

토리첼리의 실험을 전해 들은 프랑스의 철학자이자 과학자인 블레즈 파스칼(1623~1662)은 수은압력계를 오베르뉴에 있는 퓌드돔이라는 산의 높이 1,000m 되는 곳으로 운반해 기슭과의 대기압 차이를 측정해보았다(실제로는 매형에게 의뢰했다). 그러자 수은주의 높이는 기슭에서는 620mmHg였던 반면, 정상에서는 556mmHg였다. 표준대기 상태(기압 15℃)에서는 표고(해수면 위) 0m의 기압이 1,013.25hPa(760mmHg), 표고 1,000m에서는 899hPa(674mmHg)이니 17세기 중반인 점을 감안한다면 거의 정확하게 기압을 측정해낸 셈이다. 기압이 다소 낮게 측정된 이유는 실험을 실시한 당

일은 저기압의 권내에 들어와 있었기 때문일지도 모른다.

참고로 기압의 단위인 토르(Torr)는 토리첼리에서, 파스칼(Pa)이라는 단위는 블레즈 파스칼에서 따온 이름이다. 1Torr=1hPa, 1표준기압 (1atm)=1,013.25hPa=101,325Pa이다.

수은주의 높이로 기압을 나타낸다니, 다소 낯설게 들리지만 지금까지도 현역에서 수은주의 높이를 이용한 기압 표시를 사용하는 분야가 있다. 바로 항공의 세계다.

항공기의 고도계는 기압을 이용해 기계적으로 직접 고도를 표시케 하는 기압고도계다. 현대의 항공기는 글라스 콕핏(glass cockpit)이라 하여 평면 패널에 컴퓨터 모니터처럼 정보가 표시되지만, 여기 표시되는 수치는 기압고도계로

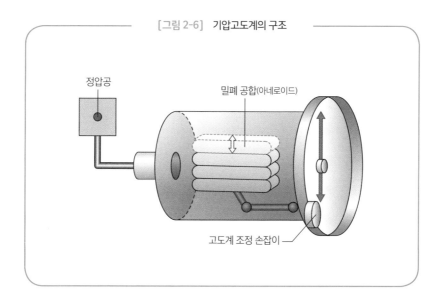

[그림 2-6] 기압고도계의 구조

정압공

밀폐 공합(아네로이드)

고도계 조정 손잡이

측정한 기압고도다.

기압고도계에는 공합, 나시 말해 내부가 진공 상태인 금속 풍선처럼 생긴 용기가 들어 있다. 공합은 항공기가 고도를 높여서 기압이 낮아지면 팽창하는데, 기압고도계에서는 공합의 물리적인 크기 변화를 바늘의 움직임으로 변환해서 고도를 표시한다. 기압고도계는 기압이 변화할 때마다 매번 표시가 달라지므로 해수면으로부터의 평균 높이(표고)가 일정하더라도 그때의 기압에 따라 표시되는 고도가 달라진다.

따라서 항상 일정한 고도를 가리키게끔 고도계 수정치(QNH)라는 수치로 교정한다. 그 값은 기압을 수은주의 높이로 나타낸 것으로, mmHg를 인치로 표시한 수치다. **760mmHg를 야드파운드법으로 나타내면 29.92inHg(수은주 인치)**가 된다.

항공기가 비행할 때, 올바른 고도(평균 해수면으로부터의 고도)를 표시하려면 QNH의 정보가 중요하다. 따라서 QNH는 이륙이나 착륙을 할 때 관제기관으로부터 조종사에게 통보된다.

비행기의 비행 고도에는 야드파운드법의 피트(1피트 = 0.3048m)가 쓰인다. 수은주인치를 사용하면 소수점 이하 2자리(0.01)가 10피트, 마찬가지로 소수점 이하 1자리(0.1)가 100피트, 1자리(1.0)가 1,000피트에 대응한다.

기압을 알려주는 센서는 피토관(비행기의 속도를 측정하는 센서)의 표면, 또는 기체의 측면에 부착되어 있다. 이를 정압공이라고 한다. 기체의 진행 방향을 향해 부착되어 있으면 동압이 가해지므로 동압의 영향을 받지 않는 측면에서 기압을 측정하는 것이다.

제 3 장

공기의 역학

공기는 눈에 보이지 않지만 일정한 질량이 있기 때문에 에너지를 지니고 있다. 이러한 공기는 운동을 통해 힘을 얻게 되는데, 이 힘이 양력을 낳고, 항력을 만들어낸다. 비행기의 날개에 작용하는 힘은 아래쪽으로 작용하는 중력·위쪽으로 작용하는 양력·전방을 향해 작용하는 추력·후방을 향해 작용하는 항력으로 나눌 수 있다.

비행기는 공기가 없으면
날지 못한다?

비행의 원리

"비행기는 어떻게 하늘을 나는 걸까요?" 초등학생이나 중학생으로부터 으레 듣는 질문이다. 어른이라도 비행기가 어떻게 하늘을 나는지 잘 모르는 사람이 많으리라. 확실히 보잉 787기처럼 무게 200톤, 전체 길이가 60m나 되는 거대한 비행기가 하늘을 난다니, 생각해보면 정말이지 신기하다.

여기서는 공기의 과학적인 측면을 통해 비행기가 나는 원리를 알아보고자 한다.

강한 바람이 불 때, 스케치북처럼 평평한 물체를 들고 걸어가면 바람에 밀려 날아가게 된다. 스케치북을 향해 정면에서 바람이 불어올 경우에는 앞으로 걸어가기 어려워지고, 스케치북의 방향이 바람 방향과 살짝 틀어지면 위나 아래쪽으로 마구 펄럭이게 된다. 이처럼 바람이 지닌 힘이 비행기를 날려 보내는 원동력이다.

바람이 스케치북에 충돌할 때 작용하는 힘을 동압이라고 한다. 동압은 다음의 식으로 표시된다.

$$q = \frac{1}{2}\rho \cdot V^2 \cdot S$$

q는 동압, ρ는 공기의 밀도, V는 풍속, S는 면적이다. 바람의 힘(동압)은 공기의 밀도·풍속·물체 면적의 곱이니 공기의 밀도와 속도가 클수록 동압이 커짐을 알 수 있다. 풍속에 대해서는 속도가 두 배가 되면 동압은 네 배, 즉 제곱으로 증가한다.

스케치북(70cm×70cm)의 면적을 0.5m^2, 공기의 밀도를 1.225kg/m^3, 풍

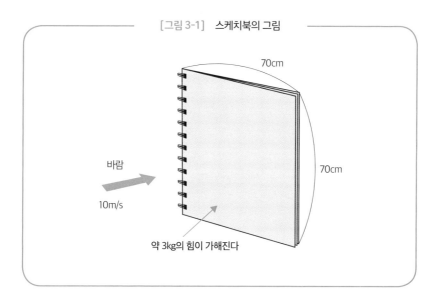

[그림 3-1]　스케치북의 그림

70cm

70cm

바람

10m/s

약 3kg의 힘이 가해진다

속을 10m/s라고 한다면 동압은 30.625N(뉴턴)이다. 킬로그램힘(kgf)으로 환산하면 약 3.12킬로그램힘이 된다.

한 변이 약 70cm인 스케치북에 10m/s(36km/h)의 바람이 수직으로 격돌하면 3킬로그램힘 이상의 힘이 작용하는 것이다.

실제 비행기에 적용해보면 보잉 787기의 주날개 면적은 325m², 바람을 향해서 이 날개를 수직으로 세우고 여기에 75m/s(150노트, 해당 기종의 이륙 속도)의 바람이 부딪친다고 하면 동압은 118만 242N으로, 약 11만 8,000킬로그램힘(약 118톤)이다.

여기서 알 수 있듯 이 힘을 잘 이용한다면 200톤 무게의 787기를 공기의 힘으로 들어 올리는 것도 가능하리라.

실제로 날개가 양력(위로 향하는 힘)을 발생시키려면 날개 단면의 형태가

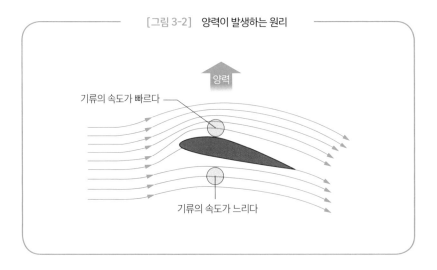

[그림 3-2] 양력이 발생하는 원리

양력

기류의 속도가 빠르다

기류의 속도가 느리다

중요해진다. 날개의 아랫면은 거의 수평이고 **윗면은 살짝 솟아올라 있는데, 가장 높게 솟은 부분은 앞전(앞쪽 언저리)에서 약 20% 정도의 위치다.** 바로 이 형태가 양력을 발생시킨다.

불룩 솟아오른 날개의 윗면을 흐르는 공기의 속도는 평평한 아랫면을 흐르는 공기보다도 빨라진다.

공기 전체가 지닌 힘을 전압이라 하는데, 전압은 정압(움직이지 않는 공기의 압력)과 동압(공기의 움직임에 의해 생겨나는 압력)을 더한 값이다. **전압은 항상 일정하므로 동압이 증가하면 정압은 줄어든다.**

날개의 앞전에서 위아래로 나뉜 기류는 뒷전(뒤쪽 언저리)에서 하나로 합쳐진다. 쉽게 이해하고 싶다면 날개를 관 속에 넣어둔 상태를 생각해보라. 날개를 앞전과 뒷전을 연결한 선에 따라 반으로 나눈 뒤, 윗부분과 아랫부

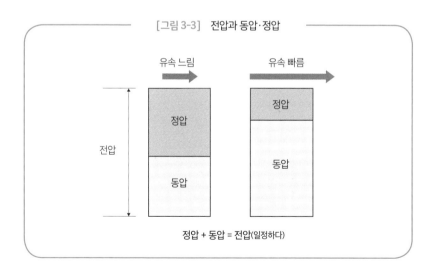

[그림 3-3] 전압과 동압·정압

정압 + 동압 = 전압(일정하다)

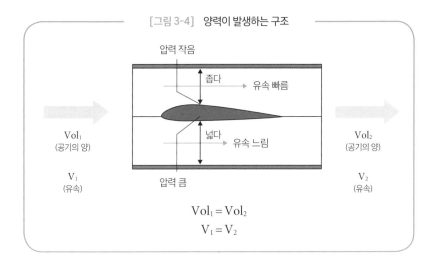

[그림 3-4] 양력이 발생하는 구조

압력 작음

좁다 → 유속 빠름

Vol_1
(공기의 양)

V_1
(유속)

넓다 → 유속 느림

압력 큼

Vol_2
(공기의 양)

V_2
(유속)

$$Vol_1 = Vol_2$$
$$V_1 = V_2$$

분을 각각 다른 관 안에 넣어두었다고 가정하겠다(그림 3-4 참조).

앞쪽에서 관으로 들어온 공기는 날개 윗면이 들어 있는 관 안에서는 지름이 좁아진다. 연속방정식(그림 2-5 참조)에 따라 좁아진 부분의 유속은 빨라지고, 관 안쪽에 가해지는 압력은 작아진다. 날개 아랫면은 윗면과 달리 평평하므로 아래쪽 관의 지름은 위쪽 관만큼 좁아지지는 않아서 관 안에 가해지는 압력은 위쪽에 비해 커진다. 그리고 두 관 모두 앞쪽으로 들어간 공기는 뒤쪽에서 같은 양과 같은 속도로 빠져나온다. **날개 윗면을 타고 흐른 공기와 아랫면을 따라서 흐른 공기는 날개 뒷전에서 합류해 하나의 흐름을 이루는 것이다.**

이러한 원리로 날개 아랫면에 가해지는 압력이 강해지고 윗면에 가해지는 압력이 약해지기 때문에 위로 밀어 올리는 힘(양력)이 발생한다.

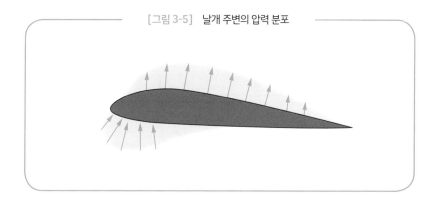

[그림 3-5] 날개 주변의 압력 분포

날개의 양력 분포는 〈그림 3-5〉와 같다. 윗면의 불룩 솟아오른 부분이 가장 강하고, 뒷전으로 갈수록 점점 작아진다.

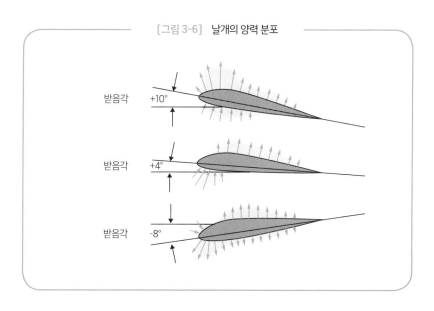

[그림 3-6] 날개의 양력 분포

받음각 +10°

받음각 +4°

받음각 -8°

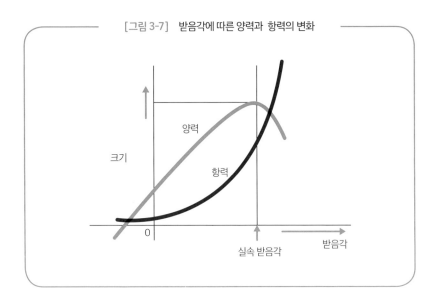

[그림 3-7] 받음각에 따른 양력과 항력의 변화

크기

양력

항력

0

실속 받음각

받음각

또한 양력은 날개의 받음각(영각)에 따라 변화한다. 받음각이란 앞쪽에서 흘러드는 기류에 대한 각도를 말한다. 받음각이 커질수록 양력 역시 커진다. 하지만 특정한 받음각에 도달하면 양력이 단숨에 사라지고 만다. **받음각이 지나치게 커지면 뒷전 방향의 날개 표면을 따라 흐르던 기류가 박리(떨어져 나감)되어버리기** 때문이다(그림 3-7 참조).

이 각도를 실속 받음각이라고 한다. 실속 받음각은 날개의 형태(단면의 형태)에 따라 다르지만 일반적으로는 15° 정도이다.

받음각을 높이면 양력이 증가함과 동시에 항력 역시 함께 증가한다. 양력·항력과 받음각의 관계는 〈그림 3-7〉처럼 나타낼 수 있다.

순항 비행 중에는 수평 자세에서 고속으로 비행하므로 받음각이 작은데,

속도가 줄어들면 동시에 기수를 들어서 받음각을 높인다. 받음각을 높이면 양력이 커지기 때문이다.

제트여객기가 착륙할 때 기수를 살짝 든 채 진입하는 모습을 본 적이 있으리라. 이는 느린 속도로 비행할 때 필요한 양력을 얻기 위함이다.

흐름의 박리

실속

실속에 대한 설명에서 박리라는 표현이 나왔다('10. 비행기는 공기가 없으면 날지 못한다?' 참조). 박리란 날개 표면에서 기류가 벗겨지는 현상을 의미한다. 받음각이 실속 받음각보다 충분히 작을 때는 날개 표면의 곡면을 따라 기류가 매끄럽게 흐른다. 하지만 받음각이 커지면 뒷전 쪽에서부터 기류가 벗겨져 나간다.

어째서 이러한 현상이 벌어지는 걸까. 앞서 공기의 점성에 대해 설명한 바 있다. 점성은 속도 기울기가 있는 부분이라면 어떠한 면에서든 생겨난다. 기류가 날개 표면을 따라 흐를 때, 앞전을 통과한 뒤 한동안은 매끄러운 흐름을 이루지만 도중에 흐트러지기 시작한다. 처음의 매끄러운 흐름을 층류라고 하고, 소용돌이가 생겨난 후반의 흐름을 난류라고 한다. 흐름은 처음에는 층류지만 중간부터 난류로 변한다.

수돗물을 가늘게 틀면 처음에는 맞은편이 보일 정도로 투명하게 흐르지만 중간부터 물줄기가 흐트러지고 만다. 이처럼 흐트러진 부분이 바로 난류다.

날개를 타고 흐르는 기류 역시 이와 마찬가지로, 처음에는 층류였지만 중간부터 난류로 변한다. 난류는 속도의 차이가 있는 층간에서 작은 소용돌이가 생겨나는 부분으로, 기류에서 속도 기울기가 존재하는 부분(경계층)의 전단응력(기류의 흐름에 대해 평행 방향으로 작용하는 힘)을 높여주기 때문에 기류가 단단히 달라붙어 잘 떨어지지 않게 된다. 하지만 **받음각을 높이다 보**

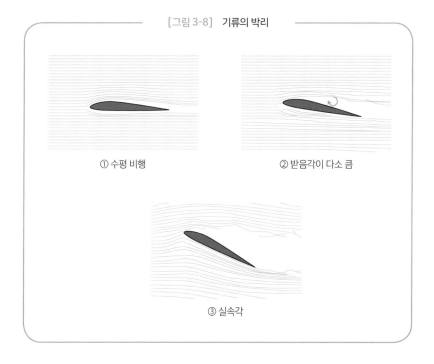

[그림 3-8] **기류의 박리**

① 수평 비행　　　　　　　　② 받음각이 다소 큼

③ 실속각

면 뒷전 부근의 날개 표면과 반대 방향(전방)의 흐름이 생겨나 뒷전에서 기류가 떨어져나가기 시작한다.

비행기가 실속할 상황에 놓이면 이 떨어져나간 기류가 주날개의 바로 뒤쪽 동체 측면에 부딪혀 붕붕, 하는 소리를 내는 경우가 있다. 이러한 현상을 버펫이라고 부른다. 조종사는 받음각이 커지고 속도가 떨어지는 현상과 함께 이 버펫을 통해서도 실속이 임박했음을 알 수 있다.

이러한 소리는 날개가 동체 아래쪽에 위치한 저익기에서 잘 들리는데, 고익기의 경우는 벗겨져나간 공기가 동체 위쪽을 그대로 스쳐 가므로 듣기 어렵다.

실속에 가까워지면 조종석에서는 어떤 느낌일까

비행 훈련 때는 의도적으로 실속을 일으킨 뒤 회복시키는 훈련을 여러 차례 실시한다. 처음에는 무서웠던 실속도 회복 조작을 몸으로 터득하면 그 뒤로는 두려움이 사라진다. 비행기와 하나가 된 것처럼 기체 주변이나 주날개 주위에 흐르는 기류를 실감하게 되는 것이다.

실속을 일으키는 박리는 주날개 뒷전에서 시작해 받음각이 증가함과 동시에 점차 앞쪽으로 진행된다. 엔진 출력을 완속으로 놓은 상태에서 고도를 유지하게끔 조종간을 당기고, 주날개가 실속 받음각에 도달하면 엘리베이터(승강타)가 말을 듣지 않으면서 비행기는 실속하는데, 쿵, 하고 기수가 내려가며 고도가 떨어진다.

박리의 진행 방식은 날개의 형태(평면)에 따라서도 다르다. 장방형 날개(날개가 동체 밑에 달린 소형 프로펠러기에 많다)는 익근실속이라 하여 날갯죽지 부분(동체와 가까운 쪽)에서 실속이 발생한다. 한편 주날개 끝부분으로 갈수록 두께가 얇아지는 테이퍼 날개는 익단실속이라 하여 날개 끝부분부터 실속이 발생한다.

장방형과 테이퍼 날개의 박리 방식 차이

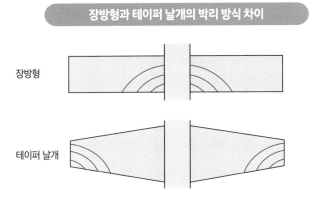

장방형

테이퍼 날개

따라서 날개가 장방형인 기체(파이퍼사의 기체 일부 등)에 비해 테이퍼 날개의 기체(세스나기 등)는 날개 끝부분에 달린 에일러론(보조날개)이 실속을 일으키기 쉽다.

세스나 172기로 실속 훈련을 하다 실속이 임박하면 에일러론이 제 기능을 하지 못하는 상황을 몸소 체감할 수 있다. 에일러론이 기능을 잃으면 비행기의 롤(가로축으로 기우는 방향) 조작이 어려워지므로 기체가 좌우로 쉽게 기우뚱거린다. 이럴 때는 기우는 방향과 반대쪽의 러더(방향타) 페달을 밟으면 롤을 방지할 수 있다.

이와 같은 실속 훈련을 통해서 주변에 흐르는 공기의 움직임을 몸으로 느끼게 된다.

층류와 난류

레이놀즈수

유체의 성질에 대해 알아볼 때 중요한 것이 바로 영국의 공학자이자 물리학인 오스본 레이놀즈(1842~1912)가 발견한 레이놀즈수다. **레이놀즈수는 흐름이 지닌 관성력(계속해서 흐르려는 힘)과 점성력(막으려는 힘)의 비**로, 다음의 식으로 나타낼 수 있다.

$$R = \frac{\rho V C}{\mu}$$

R은 레이놀즈수, ρ는 공기의 밀도, V는 유속, C는 물체를 대표하는 길이, μ는 점성계수다. 분모는 점성력, 분자는 관성력을 나타내고 있다. **레이놀즈수가 크면 난류 부분이 많아지므로** 날개 윗면처럼 다소의 곡률이 존재하더라도 기류가 박리되기 어려워지지만 항력 또한 커진다. 반대로 레이놀즈수가 작

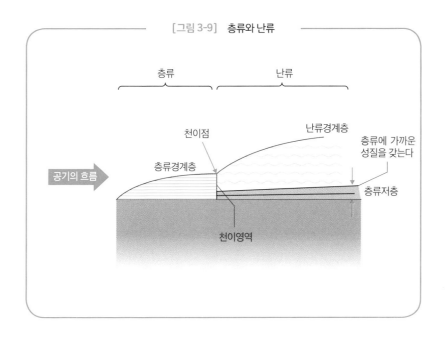

[그림 3-9] **층류와 난류**

층류

난류

천이점

난류경계층

층류경계층

층류에 가까운
성질을 갖는다

공기의 흐름

층류저층

천이영역

으면 층류 부분이 많아져서 항력은 줄어들지만 기류가 박리되기 쉬워진다.

층류가 난류로 변하는 지점을 천이점이라고 한다. **레이놀즈수 2,000 정도에**
서 층류가 난류로 변한다는 사실이 알려져 있으므로 풍동실험 등에서 축소
모형을 사용해 공력 특성(공기 중에서 움직이는 물체가 받게 되는 항력, 양력 등
의 운동 특성-옮긴이)을 알아볼 때에는 레이놀즈수를 맞춘다.

레이놀즈수는 식에서 알 수 있듯이 속도가 느릴수록, 물체의 크기가 작
을수록 작아진다. 잠자리나 나비의 레이놀즈수는 1,000에서 2,000 정도로,
양력을 사용하는 비행과 항력을 사용하는 비행의 경계선에서 비행하는 셈
이다. 이들에게 공기는 날개로 붙잡을 수 있는 점성이 있는 물체처럼 느껴

진다는 뜻이리라.

한편 날개의 형태에 따라 다르지만 고속으로 비행하는 비행기의 레이놀즈수는 10^6이 넘는다. 실제 비행기는 그 비행 목적과 용도에 맞게 최적화된 날개 형태를 선택한다. 저속기에는 캠버(날개 윗면의 부푼 정도)가 큰 두꺼운 날개가, 고속기에는 얇은 층류익이 사용된다.

골프공의 비밀

마그누스 효과

골프공에는 딤플이라 불리는 오톨도톨한 홈이 잔뜩 패어 있다. 골프공이 잘 날아가는 것은 이 딤플 덕분이다.

17세기경에는 깃털 따위를 가죽으로 감싼 공을 사용했다고 하며, 19세기로 접어들어 천연수지로 만든 거티볼이 등장했다. 하지만 이 공은 표면이 매끈매끈해서 비거리가 잘 나오지 않았다. 그러다 오래 사용해서 진흙이 묻거나 흠집이 난 공이 잘 날아간다는 사실을 알게 되었다. 그래서 표면에 일부러 상처를 내거나 돌기를 박으면서 현재의 딤플이 탄생했다고 한다.

어째서 딤플이 있으면 잘 날아가는 걸까. 이는 딤플이 표면에 흐르는 기류를 난류로 바꿔서 박리 지점을 뒤쪽(진행 방향의 반대쪽)으로 지연시키기 때문이다.

박리점이 앞쪽에 있으면 공 표면에 역류역이 발생해 박리를 앞당긴다. 난

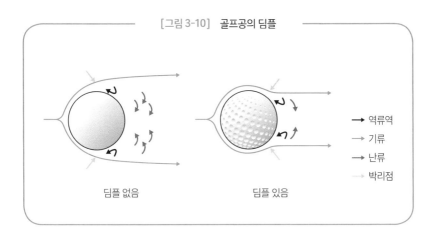

[그림 3-10] 골프공의 딤플

딤플 없음　　　　　딤플 있음

→ 역류역
→ 기류
→ 난류
→ 박리점

류역이 많으면 박리점이 뒤쪽으로 이동하고 역류역 역시 뒤쪽으로 밀려나게 되므로 공 뒤쪽의 기류가 흐트러지는 범위가 작아진다.

유선형이라고도 불리는 뒷부분이 좁은 물방울 형태의 경우, 물체 주변을 흐르는 기류는 후방 기류의 흐름을 거의 흐트러뜨리지 않는다. 하지만 총알 같은 형태의 경우는 뒷부분이 부압을 이루는데, 표면을 타고 흐른 기류는 이 영역으로 끌려들어가 커다란 소용돌이를 형성하기 때문에 항력을 증대시킨다.

스포츠카나 비행기 등 고속으로 달리는 이동수단은 대체로 유선형이거나 그와 비슷한 형태를 띤다. 동물 역시 이와 마찬가지다. 다랑어처럼 빠르게 헤엄치는 물고기일수록 날렵한 유선형을 띠고 있다.

작은 생물의 경우는 빠르게 이동할 필요가 없으므로 유선형이 아닌 것도 많다. 예를 들어 물벼룩은 액체 속에서 이동하지만 양력이 아닌 항력을 이용해 액체를 붙잡듯이 나아간다. 그러므로 유선형일 필요가 없다.

마그누스 효과

골프공처럼 딤플이 있어서 기류가 잘 박리되지 않으면 공이 회전함에 따라 공력의 효과 역시 강하게 작용한다. 회전하는 물체에 의해 양력이 발생하는 현상을 마그누스 효과라고 한다.

야구에서 투수는 커브 등 다양한 궤도를 그리는 공을 던진다. 공에 가해지는 회전 방향과 각도 및 회전 속도, 구속을 바꿔서 양력의 방향이나 크기를 제어하는 것이다.

예를 들어 홈 베이스에 가까워졌을 때 갑자기 쑥 떨어지는 변화구인 드

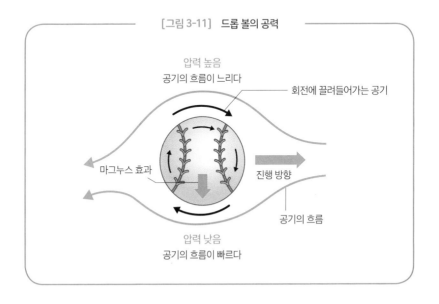

[그림 3-11] **드롭 볼의 공력**

압력 높음
공기의 흐름이 느리다

회전에 끌려들어가는 공기

마그누스 효과

진행 방향

공기의 흐름

압력 낮음
공기의 흐름이 빠르다

롭 볼(그림 3-11 참조)의 경우, 던질 때 진행 방향을 향해 강하게 회전을 건다. 그러면 공 표면의 공기는 점성에 의해 공의 회전 방향으로 끌려들어간다. 그 결과, 공 위쪽에서는 전방에서 날아드는 기류의 흐름을 방해하게 되고, 반대로 공 아래쪽에서는 기류의 흐름을 가속시킨다. 따라서 공 위쪽보다 아래쪽의 유속이 더 빨라지고, 아래쪽이 부압을 이루면서 마그누스 효과에 따라 아래로 향하는 힘이 발생한다.

커브의 경우는 드롭보다 90° 오른쪽으로 기울여서 회전을 걸고, 슈트(역회전이 걸린 공)의 경우는 왼쪽으로 90° 기울여서 회전을 건다. 회전에 따른 이 효과는 공의 회전수가 빠를수록, 구속이 빠를수록 강해진다.

마그누스 효과를 이용한 배의 추진기관이 고안되기도 했다. 로터선이라는

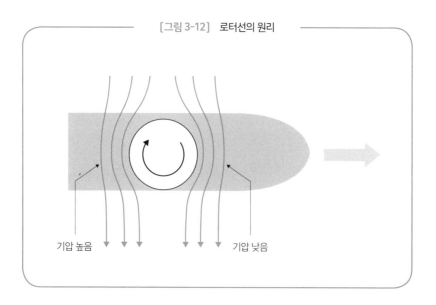

[그림 3-12] 로터선의 원리

기압 높음   기압 낮음

배로, 돛을 대신해 회전하는 거대한 원통이 설치되어 있었다. 횡풍으로 이 원통을 회전시키면 마그누스 효과에 따라 양력이 발생한다. 예를 들어 진행 방향을 기준으로 왼쪽에서 횡풍이 불어올 경우, 위에서 보았을 때 시계 방향으로 원통을 회전시키면 로터의 선수 방향 쪽이 선미 방향보다 유속이 빨라지면서 기압이 낮아지고 전방을 향한 양력이 발생해 배가 앞으로 나아가게 되는 것이다.

로터선은 1920년대에 독일에서 발명되어 실제로 제작되었지만 경제 효과가 나쁘다는 이유로 운항이 중지되었다.

양력은 소용돌이에서

곤충도 이용한다

양력이란 기류의 흐름에 대해 수직 방향으로 작용하는 힘이다. 공기와 접촉한 물체에는 공기가 불러일으키는 압력인 동압이 가해진다. 동압, 그리고 정지해 있더라도 대기의 압력에 의해 가해지는 정압을 더한 것이 전압이다 ('10. 비행기는 공기가 없으면 날지 못한다?' 참조).

연속방정식('08. 유체역학이란' 참조)을 보면 알 수 있듯이 연속된 흐름에서는 단면적이 변하더라도 단위 시간당 유속은 일정하다. 에너지 보존의 법칙에 따라 흐름의 어느 부분에서든 유체의 에너지는 일정하므로 동압(흐름)이 큰(빠른) 곳에서는 정압이 작아지고, 동압이 작은 곳에서는 정압이 커진다.

날개 윗면에는 볼록한 부분이 있기 때문에 표면을 따라 흐르는 공기는 가속된다. 반면 아랫면에는 볼록한 부분이 없으므로 가속되지 않는다(그림 3-4 참조).

주날개의 양력 분포를 살펴보면 앞전과 가까운 부분에 위로 강력한 양력이 가해지고, 아랫면에서는 밑에서 위를 향해 항력이 작용한다. 그리고 받음각을 높이면 양력이 강한 위치가 전방으로 이동하면서 한층 더 강해진다. 그러다 뒷전에서 서서히 박리가 시작되고 실속 받음각에서 본격적인 박리가 이루어지면서 양력을 잃게 되는 것이다(그림 3-5 참조).

베르누이의 정리는 공기를 점성이 없는 이상적 유체로 보았을 때 적용되는 이론이지만, 실제 공기는 점성으로 인해 생겨나는 날개 표면의 작은 경계층과 연속해서 이어져 있기 때문에 베르누이의 정리로 양력의 발생을 설명할 수 있다.

양력을 의도적으로 제어

경계층을 제어해서 비행 능력을 크게 향상시킬 수 있다. 경계층에 생겨나는 소용돌이는 전단응력을 만들어내 기류의 흐름을 곡률이 존재하는 날개 표면에 부착시킨다. 이를 능동적으로 이용하고자 의도적으로 소용돌이를 만들어내기도 한다. 날개면에 부착된 작은 돌기인 와류 발생기가 대표적인 사례다. 이 돌기로 작은 소용돌이를 무수히 만들어내서 난류 부분을 늘리고 박리를 막아내는 것이다.

그 외에도 날개 윗면에 공기를 내뿜는 슬롯(틈)을 설치해 경계층을 제어하거나, 파울러 플랩처럼 연장된 플랩 위로 빠른 기류를 흘려보내 플랩으로부터 기류가 박리되지 못하게 막는 방법이 있다. 대형 비행기의 플랩을 보면 내려가는 각도를 여러 단계로 나눌 수 있게 되어 있는데, 여러 장으로

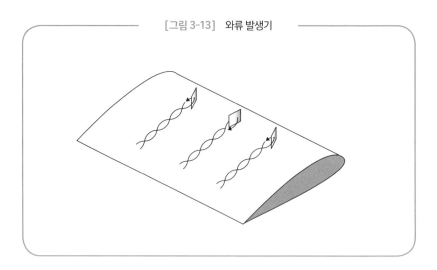

[그림 3-13] 와류 발생기

분리된 플랩 중간에는 대나무 발처럼 빈틈이 뚫려 있음을 알 수 있다. 이는 빈틈으로 기류를 통과시켜서 크게 꺾인 플랩으로부터 기류가 박리되지 못하게끔 막기 위함이다.

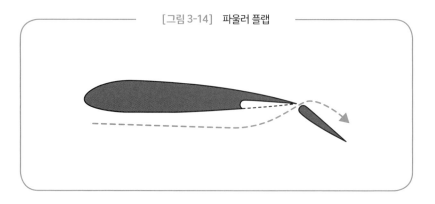

[그림 3-14] 파울러 플랩

제 3 장 공기의 역학

공기의 힘으로 활공

지면효과와 항력

알바트로스처럼 날개를 펼치면 2m가 넘는 대형 조류는 날갯짓을 하지 않고 해수면 가까이를 활공하며 바닷속의 물고기를 사냥한다. 비행기 역시 착륙할 때 접지 직전에는 지면효과에 따라 활공 거리가 조금 늘어나므로 그만큼 부드럽게 착지할 수 있다.

비행기가 착륙을 위해 활주로 상공에 도달해 고도가 주날개 폭(왼쪽 끝에서 오른쪽 끝까지의 길이)의 절반가량까지 낮아졌을 때면 지면효과가 작용하기 시작하고, 지면에 가까워지면 공기로 이루어진 쿠션 위를 미끄러지듯이 나아가게 된다. 이는 날개 끝에서 발생하는 유도항력이 감소함에 따른 결과다. 높은 고도에서는 날개 끝부분에서 아래쪽의 기류가 위쪽으로 말려 올라가 유도항력이 발생한다. 하지만 **지면과 가까워지기 시작하면 날개 끝에서 윗면으로 말려 올라가는 공기가 지면과 부딪히면서 더 이상 말려 올라가지 못하게 된다.**

비행기의 항력

항력이란 공기에 따른 저항을 말한다. 날개에 작용하는 힘은 아래쪽으로 작용하는 중력·위쪽으로 작용하는 양력·전방을 향해 작용하는 추력· 후방을 향해 작용하는 항력으로 나눌 수 있다.

비행기의 날개에 작용하는 항력으로는 마찰항력, 압력항력, 유도항력이 있다. 마찰항력은 날개 표면과 기류의 마찰에 따른 항력, 압력항력은 경계층에 따라 발생하는 항력으로, 이 두 가지를 형상항력이라고 부르기도 한다. 유도항력은 공기가 날개 끝에서 날개 윗면으로 말려 올라가면서 생겨나는 항력이다. 비행 중에는 날개 윗면이 아랫면보다 압력이 작기 때문에 날개 끝에서 아랫면의 공기가 윗면으로 말려 올라간다. 비행기는 빠르게 비행하고 있으므로 말려 올라간 공기는 전방에서 날아드는 기류에 눌려서 뒤로

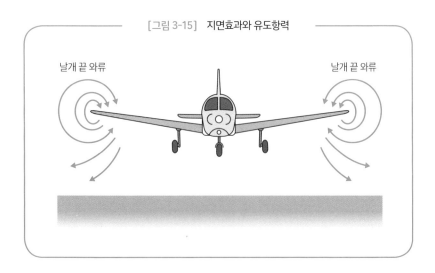

[그림 3-15] 지면효과와 유도항력

날개 끝 와류　　　　　　　　　　　　　　　　　날개 끝 와류

밀려난다. 그 결과, 왼쪽 날개 끝에서는 뒤에서 보았을 때 오른쪽으로 도는 소용돌이가, 오른쪽 날개 끝에서는 왼쪽으로 도는 소용돌이가 생겨난다. 유도항력은 바로 이 소용돌이 때문에 생겨난다.

지면효과는 주날개가 동체 위에 달려 있는 고익기보다도 동체 밑에 달려 있는 저익기에서 더 두드러지게 나타난다.

조종간을 힘껏 움직일 때

비행기의 조종간이 얼마나 힘껏 움직이는지 궁금했던 적은 없는가? 최근에는 조종간과 조종면(비행기의 구성요소 중 하나로, 보조날개, 방향타, 승강타 등의 1차 조종면과 플랩, 스포일러, 에어브레이크 등의 2차 조종면으로 이루어져 있다-옮긴이)이 전기신호로 연결된 플라이 바이 와이어(fly-by-wire) 방식이 늘어나기 시작했다. 예를 들어 에어버스사의 여객기는 조종간 대신 게임에 사용되는 조이스틱처럼 생긴 사이드 스틱이 탑재되어 있는데, 일반적인 조종간만큼 크게 움직이지는 못한다. 초기에는 밀고 당기는 압력으로 조종간을 조종하는 감압식이었지만 느낌상 위화감이 따를 수밖에 없으므로 움직이는 방식으로 바꾸었다고 한다.

보잉 737기처럼 다소 오래전에 설계된 비행기의 조종간은 바닥에서 튀어나온 막대 끝에 타륜처럼 생긴 부품이 붙어 있다. 세스나 172기 같은 소형기 역시 비슷한 타륜형이다. 이쪽은 조종면이 와이어로 직접 연결되어 있다.

조종간은 과연 어느 정도나 움직일까. 보통은 아주 경미한 수준이다. 기류가 좋고 안정적으로 비행할 경우에는 1mm 당기고 1° 기울이는 정도로 비행 자세를 유지한다. 다만 기류가 나쁠 때는 훨씬 큰 조작으로 자세를 유지한다.

유튜브 등을 통해 제트여객기가 착륙할 때의 조종석 영상을 보고 조종사가 조종간을 크게 움직이는 모습에 놀라는 이들도 있으리라. 착륙을 위해 진입할 때처럼 속도가 느릴 시에는 동압이 작기 때문에 조종간을 크게 움직이지 않으면 기체가 움직여주지 않는다. 따라서 속도가 느릴수록 조종간을 크게 움직여야 하는 것이다.

새의 비행으로부터 배운 것

윙렛

철새 무리가 V자로 대형을 유지한 채 날아가는 모습을 본 적이 있으리라. 이는 전방의 새가 만들어내는 날개 끝 와류를 이용하기 위함이다. 뒤에서 볼 때 왼쪽 날개 끝에서는 오른쪽으로, 오른쪽 날개 끝에서는 왼쪽으로 기류가 회전하는데, 이 소용돌이는 뒤쪽으로 흐르게 된다. 소용돌이의 위쪽

흐름과 접촉하는 쪽, 다시 말해 **바로 앞에 있는 새보다 살짝 왼쪽(왼쪽 끝의 경우)이나 살짝 오른쪽(오른쪽 끝의 경우) 에 위치해 있으면 상승기류 안으로 진입하게 되므로 더 적은 에너지로 비행할 수 있는 셈**이

[그림 3-16] V자 편대

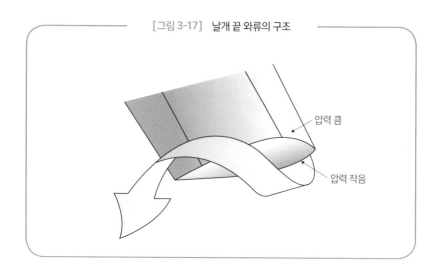

[그림 3-17] 날개 끝 와류의 구조

압력 큼

압력 작음

다. 편대의 형태가 V자인 이유는 각자 앞쪽 새보다 조금 바깥쪽에 자리를 잡기 때문이다.

하지만 선두에 선 새는 소용돌이 안으로 들어가지 못하기에 지치기 마련이다. 따라서 때때로 순서를 바꿔가며 비행한다고 한다.

항공기의 경우, 이 날개 끝 와류가 뒤쪽으로 흐르며 생겨나는 현상이 항적난기류('41. 인공적인 난기류' 참조)다. 항적난기류는 기체보다 살짝 아래쪽으로 향하며 후방으로 제법 먼 거리까지 남는다. 후속 비행기가 이 안으로 진입하면 조종하기 불가능할 정도의 힘에 기체가 오른쪽 혹은 왼쪽으로 크게 기운다. 이착륙 시 등 지면과 가까울 때 항적난기류에 휘말리면 추락할 위험도 있다.

이처럼 날개 끝 와류는 유도항력이라는 항력을 발생시키는데, 그만큼 여

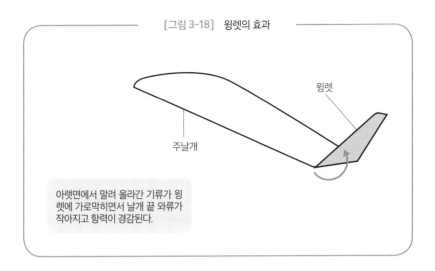

[그림 3-18] 윙렛의 효과

윙렛

주날개

아랫면에서 말려 올라간 기류가 윙렛에 가로막히면서 날개 끝 와류가 작아지고 항력이 경감된다.

분의 추력이 필요해지므로 연비가 나빠진다. 그래서 연비 악화의 원인인 날개 끝 와류를 경감시켜 항력을 줄이려는 아이디어가 바로 주날개 끝에 부착된 윙렛이다. 이는 날개 끝에 불쑥 튀어나온 것처럼 달려 있는 작은 날개를 말한다. 미국의 보잉 등은 윙렛이라 부르지만 유럽의 에어버스는 샤크렛이라고 부른다. 모두 기능은 동일하다.

윙렛은 날개 아랫면에서 윗면으로 향하는 공기의 흐름을 적절히 제어해 항력을 줄여서 공기의 힘을 더욱 효율 좋게 양력으로 변환한다.

최고의 윙렛은?

윙렛은 날개 끝의 기류가 주날개 윗면으로 말려 올라가 항력을 일으키는 현상을 막기 위한 장치인데, 이와 동일한 작용을 위해 채택하는 방식이 있다.

하나는 날개 끝을 점이 될 때까지 가늘게 좁히거나 둥글게 만드는 방법이다. 보잉 787기는 다른 비행기에 비해 날개 끝부분이 가늘고 좁다. 그리고 제2차 세계대전 당시 활약한 슈퍼마린 스핏파이어는 기종 대부분의 날개 끝이 둥글게 처리되어 있다. 이러한 방식으로 날개 끝 와류를 경감시켰다.

또한 1970년경까지 제트전투기 중에는 날개 끝에 연료탱크를 탑재한 기종이 있었다. 이 연료탱크 역시 유도항력을 줄여준다. 다만 전체적인 항력도 커지기 때문에 효과는 상쇄될 가능성이 있다.

단발 프로펠러기인 세스나 172기 등에도 날개 끝 와류를 경감시키는 구조가 갖춰져 있다. 날개 끝부분을 자세히 살펴보면 살짝 아래쪽으로 비틀려 있다. 이 부분을 통해 아랫면의 기류가 윗면으로 말려들어가지 못하게 막는 것이다.

사실 날개 끝 와류를 경감시키기 위한 최고의 구조는 따로 있다. 바로 새의 날개다. 새의 날개는 사람의 손가락과 구조가 동일하므로 필요에 따라 날개 끝을 펼쳐서 아래쪽의 공기를 위쪽으로 흘러보낼 수 있다. 이것이야말로 날개 끝 와류를 경감시키기 위한 가장 효율적인 방법으로, 아직까지 알루미늄 합금을 사용하는 현재의 비행기에서는 이 구조가 실현되지 못했다. 하지만 NASA가 비행 중에 형태를 바꾸는 모핑 날개를 연구하고 있으므로 언젠가는 실현되지 않을까.

제 4 장

바람

바람은 공기의 무게 차이에서 시작된다. 지표 부근에서는 날씨에 따라 공기의 온도 차이가 생기는데, 따뜻한 공기는 가볍기 때문에 상승하고, 차갑고 무거운 공기는 하강한다. 이렇게 공기가 상승하는 곳은 기압이 낮아지고, 하강하는 곳은 기압이 높아진다. 그 결과, 공기는 고기압에서 저기압으로 흐른다. 기압의 차이에서 생겨나는 이 힘을 기압 경도력이라고 부른다.

바람은 어디에서 불어오는가

기압 경도력·코리올리힘

같은 바람이라도 그 종류는 다양하다. 산들바람처럼 약한 바람이 있으면 태풍처럼 강한 바람도 있다. 불어오는 방향도 변화하고, 풍속도 강해지거나 약해진다. 이처럼 다양한 모습을 보이는 바람은 대체 어떻게 불어오는 걸까.

바람은 공기의 무게 차이에서 시작된다. 무거운 공기는 밑으로 내려가고 가벼운 공기는 위로 올라간다. 추운 겨울날에 난방을 틀어놓은 방에서 창문을 살짝 열어보면 차가운 바람이 안으로 들어온다. 그 바람은 어떻게 들어오는 걸까. 바깥의 차가운 공기는 바닥과 가까운 쪽으로 들어오고, 방 안의 따뜻한 공기는 위쪽에서 밖으로 나간다.

즉, 차가운 공기는 무거우므로 따뜻한 방의 아래쪽으로 흘러들고, 방의 따뜻한 공기는 가벼우므로 위쪽에서 밖으로 빠져나가는 것이다. 그리고 잠

시 창문을 그대로 열어놓
으면 기온의 차이가 적어
지면서 바람의 출입이 멈
춘다.

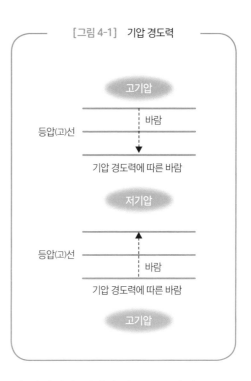

[그림 4-1] **기압 경도력**

고기압

등압(고)선

바람

기압 경도력에 따른 바람

저기압

등압(고)선

바람

기압 경도력에 따른 바람

고기압

바람이 생겨나는 원리
역시 이와 마찬가지다. 지
구 전체로 볼 때 태양으로
부터 햇볕이 강하게 내리
쬐는 곳에서는 지표가 따
뜻해짐에 따라 공기도 따
뜻해지고, 반대로 흐리거
나 비가 내려서 햇볕이 잘
들지 않는 곳에서는 공기의 온도가 낮아진다. 이처럼 지표 부근에서는 온도
의 차이가 생겨난다. 따뜻한 공기는 가볍기 때문에 상승하고, 차갑고 무거
운 공기는 하강한다. 이렇게 공기가 상승하는 곳은 기압이 낮아지고, 하강
하는 곳은 기압이 높아진다. 그 결과, 공기는 고기압에서 저기압으로 흐른
다. 기압의 차이에서 생겨나는 이 힘을 기압 경도력이라고 부른다.

지상 일기도를 보면 기압이 동일한 부분을 연결한 등압선이 그려져 있는
데, 군데군데 '고'나 'H', 또는 '저'나 'L'이라는 표시가 되어 있다. 전자는 고
기압의 중심 부분이고 후자는 저기압의 중심 부분이다. 고기압과 저기압에
몇 헥토파스칼 이상이면 고기압, 이하면 저기압이라는 정의는 없다. **주변보**

다 기압이 높은 영역을 고기압, 낮은 영역을 저기압이라고 부를 뿐이다.

기압의 차이가 클수록 강한 바람이 분다. 지상 일기도에서 등압선이 빽빽한 부분은 기압 경도가 큰 부분, 간격이 넓은 부분은 기압 경도가 약한 부분이다. 지도의 등고선과 마찬가지로 빽빽한 부분은 급경사이기 때문에 굴러 떨어지는 힘이 강하고, 빽빽하지 않은 부분은 완만한 언덕이기 때문에 구르는 힘 역시 약한 셈이다.

바람은 고압부에서 저압부를 향해 흐르지만 실제 바람이 그리 단순하게 불어오지는 않는다. 그 이유는 공기의 운동인 바람에는 다양한 역학적인 힘이 가해지기 때문이다.

코리올리힘

운동하는 공기에 작용하는 대표적인 힘으로는 코리올리힘이 있다. 회전체 위를 운동하는 물체에 작용하는 가상의 힘인 코리올리힘은 프랑스의 물리학자인 가스파르 귀스타브 코리올리(1792~1843)가 주장했다.

지구는 회전하는 구체로, 그 표면에서 운동(이동)하는 **공기의 흐름(바람)은 코리올리힘에 따라 북반구에서는 진행 방향의 오른쪽으로 휘어지는 것처럼 보이고,** 남반구에서는 왼쪽으로 휘어지는 것처럼 보인다. **바람 자체는 똑바로 불고 있지만 지도상에서 진로를 그려보면 휘어지는** 것이다.

어째서 이렇게 되는 걸까. 지구의 자전에 따른 가속도가 위도에 따라서 달라지기 때문이다. 지구는 약 24시간에 한 바퀴 회전하지만 이는 경도가 0인 적도상에서나 북극점·남극점 부근에서나 모두 동일하다. 적도의 길이

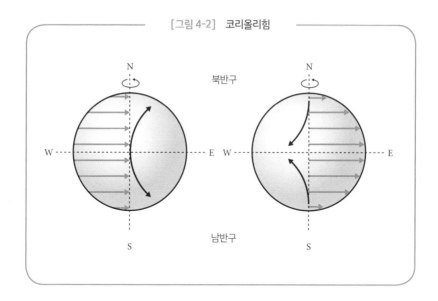

[그림 4-2] 코리올리힘

는 한 바퀴에 약 4만 km나 되는 데 비해 북극점에서는 0에 가까워진다. 적도에서 극점으로 가까워짐에 따라 일주하는 길이가 짧아지는 것이다.

적도상의 지면은 약 1,667km/h(463m/s)로 회전한다. 이 속도는 위도가 높아짐에 따라 느려지므로 북극과 남극에서는 0이 된다. 적도 부근에서 북쪽을 향해 부는 바람은 풍속 벡터 외에 자전에 따라 동쪽으로 463m/s의 벡터를 가지므로 북쪽으로 향함과 동시에 지상에 대해서는 점점 동쪽으로 치우치는 것이다.

이 가상의 힘을 코리올리힘이라고 부른다.

마찰력

기압 경도력에 따라 공기의 흐름, 다시 말해 바람이 발생하고 코리올리힘에 따라 휘어진다. 여기에 추가로 바람에는 마찰력이 작용한다. 지표의 건물이 바람에 저항하면서 지표 부근에서는 바람이 약해지고, 상공으로 올라감에 따라 강해지다 일정 고도에서 더는 마찰의 영향을 받지 않게 된다. 정확히 경계면과 동일한 원리다.

마찰의 영향을 받는 범위는 고도 500~600m 정도까지로, 이곳을 에크만층이라고 부른다. 이 영역은 고도에 따른 풍속의 변화가 심하며 난기류가 많은 곳이기도 하다. 지표에는 빌딩 등의 건물이 있기 때문에 여기에 부딪힌 바람이 소용돌이로 변해 난기류를 일으킨다. 또한 지형의 높고 낮음은 상승기류와 하강기류를 생성하는데, 둘이 충돌하는 곳에서도 난기류가 발생한다. 산의 경사면에 부딪힌 바람은 상승해서 구름을 발생시킨다.

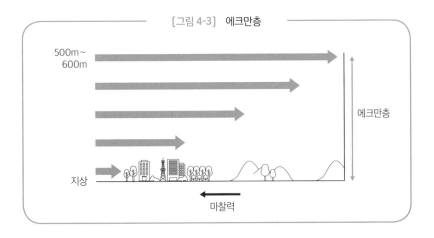

[그림 4-3] 에크만층

수렴과 발산

풍향이 서로 다른 바람이 산골짜기 등에서 부딪치면 하나의 흐름으로 합쳐져서 상승한다. 반대로 한 방향으로 부는 바람이 산이나 지상의 건물 등에 부딪혀 다른 방향의 바람으로 나뉘는 경우도 있다. 전자를 수렴, 후자를 발산이라고 부른다.

이처럼 공기는 상승·하강·수렴·발산을 되풀이하며 흐르므로 곳곳에 난기류를 일으킨다.

지표와의 마찰이 존재하는 에크만층보다 높은 고도에서도 마찬가지다. 고도에 따라 풍향과 풍속이 다른 경우가 있으면 풍향이 서로 다른 바람이 충돌하는 장소에서 수렴과 발산이 일어난다. 예를 들어 남쪽에서 따뜻한 공기가 유입되면 북쪽 방향에서 차가운 공기가 흘러들기도 한다. **풍향·풍속·온도가 다른 공기가 부딪치는 장소에서는 바람의 흐트러짐(난기류)이 발생**한다.

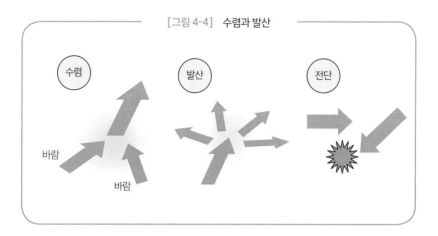

[그림 4-4] 수렴과 발산

풍향·풍속이 다른 바람 층의 고도가 다를 경우, 두 바람 층이 접촉하는 면에서도 난기류가 발생한다. 이렇게 성질이 다른 바람이 접촉하는 부분을 전단이라고 한다. 전단이 있는 면은 전단면, 전단이 있는 장소를 연결한 선은 전단선이다.

지상 부근의 저고도에서는 강력한 전단이 발생하는 경우가 많은데, 바람이 강한 겨울철이나 근처에 적란운이 발달해 있을 때는 다운버스트(뇌우를 동반하는 강력한 하강기류-옮긴이)라 불리는 강한 하강기류가 발생해 풍향과 풍속이 급변하는 현상이 일어난다. 또한 지형에 따라 상승기류와 하강기류가 생겨나는 경우도 있다.

비행기에 미치는 영향

이착륙하는 비행기는 낮은 고도에서 발생한 난기류에 심각한 영향을 받는다. 특히 비행 속도가 느린 진입 시에 문제를 일으킨다.

진입 코스 아래로 야트막한 산이 이어진 곳에서는 산과 골짜기가 교대로 늘어서 있기 때문에 상승기류와 하강기류가 뒤섞인 복잡한 바람이 불 때가 있다. 또한 섬이나 높은 평지에 지어진 공항처럼 진입로 끝이 절벽같이 끊어진 곳도 있다. 예를 들어 일본의 히로시마 공항은 좌우 모두가 절벽처럼 되어 있다. 이러한 장소에서는 진입로 끝에서 하강기류가 발생하기 쉽다. 맞바람을 받으며 착륙하므로 활주로 전방에서 불어온 바람이 절벽을 따라 내려가기 때문이다. 이 바람은 무척 강력한 하강기류를 이루기도 하므로 활주로 직전에서 고도가 떨어지고 마는 경우가 있다.

사진©2022 Google, TerraMetrics, Data SIO, NOAA, O.S. Navy, NGA, GEBCO, Landsat / Copernicus, 사진©2022 Maxar Technologies, Planet.com, 지도 데이터©2022

구글 맵 3D로 본 히로시마 공항

그 외에 활주로 근처에 높은 건축물이 있거나 연못처럼 낮게 팬 곳만 있어도 기류는 흐트러진다.

항공기의 진입 코스에서 다운버스트나 전단풍을 만나면 고도가 급격하게 떨어지거나 높아져서 정확한 진입각을 유지하기 어려워지기도 한다.

진입 중에 역풍이 불 경우에는 양력이 증가해 고도가 높아지고 순풍이 불면 고도가 떨어진다고 하지만, 한편으로 **역풍이 불면 대지속도(지면에 대한 항공기 등의 속도-옮긴이)가 느려지고 순풍이 불면 대지속도가 빨라짐에 따라 정확한 진입각을 유지하기 어려워지는** 경우도 있다. 조종사는 시시각각 변화하는 바람을 읽으며 속도(지시대기속도)와 진입각을 유지하며 진입하게끔 하고 있다.

바람에는 어떤 종류가 있을까?

지형풍·경도풍·온도풍

바람의 흐름은 기압 경도력에 따라 시작되지만 실제 바람이 단순히 기압이 높은 쪽에서 낮은 쪽으로 부는 것은 아니다.

북반구에서 남쪽의 고기압에서 북쪽의 저기압으로 향하는 바람을 생각해보면 바람은 북쪽으로 진행하면서 코리올리힘에 따라 지표에 대해 동쪽으로 방향을 바꿔간다. 그 결과, **코리올리힘과 기압 경도력이 균형을 이룬 흐름이 생겨나 바람은 등압선과 평행하게 불게 된다.** 이 바람을 지형풍이라고 부른다. 지상에서는 바람이 등압선과 나란히 부는 것처럼 느껴지지는 않으나 **상공으로 올라감에 따라 바람은 등고선(상공의 등압선)과 평행하게 분다.**

또한 저기압 주변 등 등압선이 동심원 형태를 이루는 곳에서는 기압 경도력·코리올리힘에 원심력이 더해지며 **북반구의 저기압에서는 왼쪽으로, 고기압에서는 오른쪽으로 도는 바람이 분다.** 남반구에서는 코리올리힘이 반대 방향으로 작용하므로 바람의 방향 역시 반대로 저기압에서는 오른쪽, 고기압에서는 왼쪽으로 바뀐다.

기압 경도력·코리올리힘·원심력이 균형을 이루어서 부는 바람이 바로 경도풍이다.

실제로 지상 부근에서 부는 바람은 지상과의 마찰

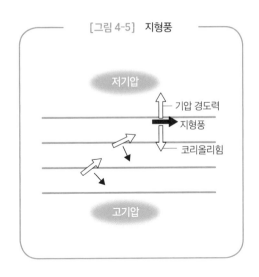

[그림 4-5] 지형풍

때문에 **저기압일 경우에는 30° 정도의 각도로 등압선을 가로질러 중심 방향으로 향한다. 해상은 장애물이 없기 때문에 20° 정도의 각도로 가로지른다.**

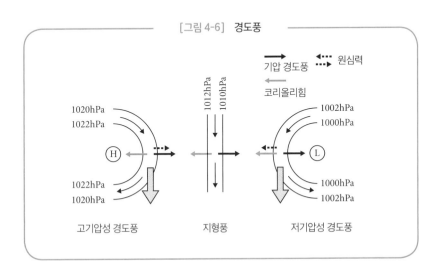

[그림 4-6] 경도풍

고기압일 경우에는 중심으로부터 바람이 불어 나가듯이 흐른다. 역시나 지상과의 마찰 때문에 등압선에서 일정한 각도로 분다.

온도풍-제트기류

온도풍은 고도가 다른 두 층의 온도 차이 때문에 발생하는 바람이다.

내기의 연식단면을 보면 알 수 있듯이 대순환(그림 1-4, 그림 1-5 참조)의 경계면에는 온도의 단차가 있는데, 이곳에서 온도풍, 다시 말해 제트기류가 발생한다. 난기와 한기의 온도차가 크면 클수록 기압 경도가 커져서 풍속이 강해진다.

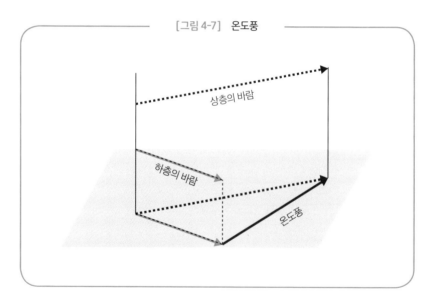

[그림 4-7] 온도풍

비행기와 상공의 난기류

난기류는 비행기의 운항에 큰 영향을 끼친다. 상공의 전선대에 발생하는 난기류 · 구름이 없는데도 바람이 흐트러지는 청천난류 · 저고도의 다운버스트나 전단풍 등이 있다. 적란운이 있거나 상공에 전선대가 형성된 곳은 비행 전에 기상 브리핑을 통해 일기도를 해석해 예측할 수 있지만, 청천난류는 구름 한 점 없는 곳에서 발생하는 난기류이기 때문에 예측이 불가능한 경우가 있다. 따라서 상공의 난기류를 파악하기 위한 방법에 대해서도 연구가 진행 중이다.

상공에 난기류가 발생한 위치는 고층 일기도에 표시된 제트기류의 위치나 고층 단면도 등을 통해 파악할 수 있다. 더욱 자세한 사항은 300hPa 등 고층 등압면 일기도에 표시된 등온선을 해석하면 알아낼 수 있다. 난기류는 바람의 전단면(온도차가 큰 부분이나 등온선이 극단적으로 비뚤어진 부분)에 위치하므로 전단이 있는 장소를 찾으면 된다.

예를 들어 제트기류는 서쪽에서 동쪽으로 흐르는 반면 등온선은 세로로 그어진 경우가 있다. 이처럼 흐름이 변칙적일 경우에는 기류가 흐트러졌음을 예측할 수 있다.

어째서 바람은
다양한 방향에서 불어오는 걸까

계절풍·해륙풍·산곡풍·국지풍

바람은 다양한 방향에서 불어온다. 계절마다 특징이 있으며 저기압과 고기압의 위치에 따라서도 달라진다. 또한 지형적인 요인도 더해진다. 하지만 어느 지역에나 특정한 방향에서의 바람이 탁월한(다른 방향에 비해 빈도나 강세가 우세한) 경우가 있다. 이러한 바람을 탁월풍이라고 한다.

예를 들어 활주로는 가능한 한 탁월풍이 부는 방향에 맞춰서 건설된다. 바람의 특징적인 형태를 풍황(風況)이라고 한다. 풍황은 계절풍처럼 수천 킬로미터에 달하는 대규모의 바람부터 특정한 지역에서만 불어오는 국지풍까지 다양하다.

계절풍

계절에 따라 풍향이 변화하는 바람으로 계절풍이 있다. 몬순이라고도 불린다. 어

[그림 4-8] 계절풍

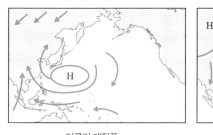

여름의 계절풍

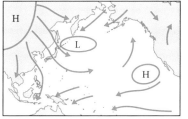

겨울의 계절풍

원은 아라비아어로 '계절'이다.

일본에는 겨울철이면 북서쪽에서 불어오는 계절풍이 있다. 시베리아 대륙에서 뻗어 나온 차가운 고기압이 일본의 동쪽에 위치한 저기압으로 차가운 바람을 보낸다. 이때의 기압 배치는 서고동저형이다. 기압이 서고동저형으로 분포되어 있을 때는 일본 부근에서 남북 방향으로 등압선이 그어지고, 등압선의 간격이 좁은 곳에서 강한 바람이 분다. 겨울철의 계절풍은 규모가 큰 공기의 흐름으로, 동해를 건너오는 사이에 해수면에서 수증기를 보충하고 일본 열도 중앙부에 위치한 산맥과 충돌해 상승하면서 눈을 뿌린다.

한편 여름철의 기압 배치는 남고북저형으로, 남쪽의 태평양 고기압에서 북쪽의 저기압을 향해 뜨거운 바람이 불어온다. 이 남풍은 기온이 높기 때문에 일본 열도에 무더위를 불러온다. 또한 태평양을 건너오기 때문에 수증기를 가득 포함하고 있는데, 산맥과 충돌해 상승하거나 일본 열도 부근에 정체된 전선(장마전선)을 자극해서 많은 비를 내리게 한다.

해륙풍

바다에서 육지를 향해 불어오는 바람이 해풍, 육지에서 바다를 향해 부는 바람이 육풍이다. 낮 동안 햇볕을 받아 지면과 해수면이 따뜻해지면 비열 (단위 질량당 열의 용량)이 작은 육지가 비열이 큰 바닷물보다 먼저 온도가 상승한다.

비열이란 1g의 물질의 온도를 1℃ 높이는 데 필요한 열량을 말한다. 물의 비열은 1로, 물질 중에서는 가장 큰 데 비해 돌은 약 0.7~0.8이다.

즉, 동일한 열량이라도 육지 쪽이 먼저 온도가 오르므로 바다보다도 먼저 따뜻해 진다. 그 결과 육지의 공기가 상승하게 되고, 특정 높이까지 상승하면 바다 쪽으로 향

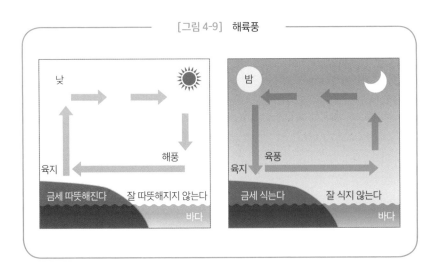

[그림 4-9] 해륙풍

해 바다 위에서 하강기류로 변한다. 이렇게 해수면상에 도달한 공기는 다시금 육지 쪽으로 향하면서 순환이 이루어진다.

반대로 밤에는 비열이 큰 바닷물은 식는 데에도 시간이 걸리므로 육지의 온도가 먼저 내려가고, 상대적으로 차가워진 육지의 공기는 아직 따뜻한 바다를 향해 흘러간다. 이것이 육풍이다. 한편 일몰·일출 무렵에는 두 공기가 균형을 이루기 때문에 바람이 잔잔해진다. 이를 저녁뜸·아침뜸이라고 부른다. 해륙풍은 높이 수백 m, 내륙부 10km 정도의 범위에서 분다.

산풍·곡풍

해륙풍과 동일한 원리로 부는 바람으로 산풍·곡풍이 있다. **낮 동안은 햇볕을 받아 골짜기보다 산의 경사면 쪽이 먼저 따뜻해지면서 골짜기에서 산 정상을 향해**

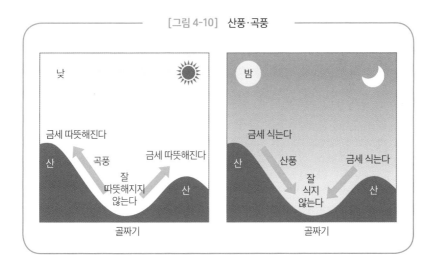

[그림 4-10] 산풍·곡풍

바람이 불고(곡풍), 야간에는 산의 경사면이 먼저 식기 때문에 산에서 골짜기를 향해 바람이 분다(산풍).

국지풍

지형 등의 원인으로 **특정 지역에서만 불어오는 특유한 바람을 국지풍**이라고 한다. 크기의 규모는 수 킬로미터에서 수백 킬로미터이다.

예를 들어 일본의 간토 지방에서는 북동풍이 불어올 때면 구름이 증가하고 기온이 낮아지는 경우가 많다. 북동풍은 기온이 낮고 바다(태평양) 위를 건너오기 때문에 수증기의 양이 많다. 따라서 이 바람이 간토 지방으로 진입하면 상공 1,000~2,000m 전후에 층적운('34. 다양한 형태의 구름' 참조)을 형성한다. 층적운에서 한층 발달한 적운이나 난층운으로 변하면 비를 내리게 한다.

이 북동풍은 도호쿠 지방의 태평양 방면에도 불어오는데, 장마철부터 초여름에 걸쳐 홋카이도의 동쪽에 자리한 오호츠크해 고기압에서 일본 열도 쪽으로 차갑고 습한 바람을 보내온다. 일본에서는 이를 '야마세'라고 부르며 야마세는 농작물의 성장에 영향을 끼친다.

또한 간토에서는 더운 여름날에 남쪽과 동쪽에서 해풍이 불어오는 경우가 있다. 이 바람은 내륙부에서 충돌해 지상 일기도에 나타나지 않는 작은 전선대를 형성하기도 하는데, 이 부분에서는 구름이 많아지거나 가는 비가 내리고, 기류가 흐트러지기도 한다. 소형 비행기로 낮은 고도를 날다 보면 이와 같은 전선대와 마주치는 경우도 있다.

유방운이라 불리는 희귀한 층적운

이 전선에서 생겨난 구름은 낮은 고도(300~900m 정도)에 출현하므로 비행장 부근에 전선이 형성되면 풍향·풍속이 급변하거나 일시적으로 시정(視程, 수평 방향으로 보이는 거리) 저하를 초래하기도 한다.

그 외에 지형의 영향에 따라 풍향과 풍속이 달라지기도 한다. 산에 부딪힌 바람은 기계적으로 상승하게 되는데, 수증기의 양이 많을 때는 결로되어 구름을 만들어낸다. 골짜기에서 상승한 바람은 물길을 타고 오른 공기와 충돌해 수렴된다. 한편 산과 충돌한 공기 일부는 발산된다. 산에 부딪힌 공기는 산 정상을 넘으면 경사면을 타고 하강한다. 이러한 현상들이 풍향과 풍속의 복잡한 변화를 일으킨다.

바람이 일정 풍향·풍속으로 불어오는 경우는 적다. 오히려 시간의 경과와 함께 쉬지 않고 변화하는 것이다.

솔개가 활공할 수 있는
이유는?

상승기류와 하강기류

솔개가 기분 좋게 원을 그리며 하늘 높이 나는 모습을 본 적이 있으리라. 이들은 상승기류를 타고 활공하며 지상의 먹잇감을 찾아다닌다. 상승기류를 타면 글라이더처럼 동력 없이 활공을 이어나갈 수 있다.

상승기류에는 몇 가지 종류가 있다. 하나는 **지표면이 햇볕에 데워지면서 지표와 인접한 공기 역시 열전도를 통해 따뜻해지고 가벼워져서 상승하는** 경우다. 열상승기류라고 한다.

저기압의 중심부에서는 주변으로부터 불어온 공기가 수렴해 상승하면서 상승기류가 생겨난다. 특히 심한 경우는 적란운이 있을 때다. 적란운이 생겨날 때는 대기가 불안정한 상태로, 상공에는 차가운 공기가 자리를 잡고 있기에 상승한 공기는 계속해서 위로 올라간다.

또 다른 하나는 **산의 경사면이나 절벽을 타고 오르면서 생겨나는 것으로 이를**

지형성 상승기류라고 한다.

상승기류의 속도는 느릴 경우 초속 수 센티미터로 완만하지만 적란운 내부의 상승기류는 매우 빨라 초속 수십 미터에 달하기도 한다. 크게 발달한 적란운 내부에서는 30m/s(110km/h) 정도의 맹렬한 상승기류가 관측된 적도 있다.

상승기류의 세기는 수평 방향의 규모가 작을수록 강해진다. 가로 방향으로 확산된 저기압 중심부의 상승기류는 초속 수 센티미터이지만 반지름이 작은 적란운에서는 강한 상승기류가 발생한다.

베나르 대류

따뜻한 된장국을 따라놓은 국그릇을 잠시 내버려두면 고리 형태의 무늬들이 표면에 떠오른다. 이는 그릇 안에서 대류가 발생했기 때문에 생겨나는 무늬다. 그릇 안의 따뜻한 된장국은 위쪽으로 올라가 표면에 도달한 후 식어서 다시 아래로 내려간다. 이 대류는 그릇 전체에서 한 번에 일어나는 것이 아니라, 여러 개의 셀(세포) 형태로 발생한다.

이 대류를 베나르 대류라고 한다. 1900년에 프랑스의 물리학자 앙리 베나르(1874~1939)가 발견하고 1916년에 영국의 물리학자인 레일리(1842~1919)가 이론을 구축했다. 액체 안에 상하로 온도 기울기(고체나 액체, 기체 내부의 온도가 위치에 따라 다를 경우 단위 길이당 온도가 변화하는 비율-옮긴이)가 있으면 먼저 전도를 통해 차가운 부분으로 열이 전달되고, 점차 대류를 통해 전체적으로 열을 전달하게 된다. 이때 여러 개의 작은 셀(세포처럼 작은 덩어리)

이 형성되는데, 셀 중앙은 상승류를 이루고 주변부는 하강류를 이룬다. **셀의 형태는 육각형인 경우가 많다**고 한다.

대기 안에서 발생하는 베나르 대류는 높이 800~900m 정도에 뭉게구름이라고도 불리는 적운이 많이 떠 있는 날에 발생한다. 이 대류는 작은 셀을 형성한다. **셀의 지름과 높이의 비율은 1:2~1:3 정도**이므로 높이 900m(남산타워의 4배 정도) 높이에 적운이 덩그러니 자리를 잡고 있다면 셀 하나의 지름은 300~400 정도겠구나, 하고 대강 짐작할 수 있다. 여러 조건에 따라 변화하므로 정확한 수치는 아니지만 이렇게 기준을 잡고 적운을 올려다보는 것도 재미있으리라.

겨울철 계절풍에 따라 대류의 풍하측(바람이 불어가는 쪽을 가리키는 말로, 풍상측은 반대로 바람을 맞은 쪽을 가리킨다-옮긴이) 해상에 생겨나는 롤구름(고적운)의 사례 역시 베나르 대류의 일종이다.

발달한 적운

발달한 적운이나 적란운에서도 이와 같은 대류가 발생하는데, 종종 여러 개의 대류셀이 형성되어 하나로 이어지기도 한다. 이를 멀티셀이라고 부른다. 각각의 대류셀은 발생·발달·소멸을 반복하기 때문에 여름철 소나기나 게릴라성 호우가 내릴 때면 잠깐 비가 잦아들었다 하더라도 얼마 지나지 않아 다음으로 성장한 셀이 나타나 호우를 불러일으킨다.

이 **셀이 크게 발달하여 하나의 거대한 셀을 이룬 것이 슈퍼셀**이다. 슈퍼셀에서는 넓은 범위에 걸쳐 상승기류와 하강기류가 소용돌이치고 있다. 또한 발달

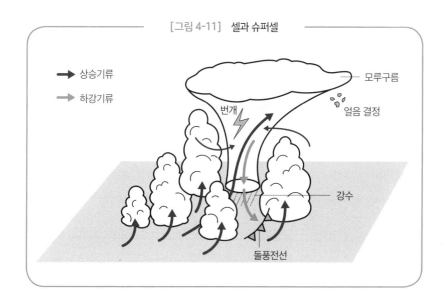

[그림 4-11] 셀과 슈퍼셀

- 상승기류
- 하강기류

모루구름

번개

얼음 결정

강수

돌풍전선

기·전성기의 슈퍼셀 주변에는 상승기류, 중심 부분에는 강수에 따른 하강기류가 존재한다. 하강기류는 지면과 충돌해 수평 방향으로 흐르며 돌풍전선을 형성한다. 높은 고도의 구름 내부에서 대량의 얼음 입자에 의해 **차갑게 식혀진 공기가 하강, 지상의 따뜻한 공기와 접촉하면서 전선을 형성**하는 것이다.

또한 **중층에서도 공기를 빨아들이는데, 이 공기는 상승기류**와 합쳐진 후 구름 꼭대기의 권계면 부근에서 수평으로 뿜어져 나온다. 적란운의 꼭대기에서 뿜어져 나온 구름이 바로 모루구름이다.

하강기류

적란운 내부의 하강기류는 때때로 거칠게 요동치기도 하지만 고기압 권내의 하강기류는 잔잔하다. 이처럼 완만한 하강기류는 악천후를 초래하지 않는다. 그 밖에 산맥의 풍하측 경사면을 따르는 하강기류나 절벽처럼 생긴 지형에서 발생하는 하강기류는 세차게 불어오기도 한다.

활공비

솔개처럼 날개가 큰 새는 활공이 특기다. 날갯죽지의 면적과 형태가 활공에 적합한 형태를 이루고 있기 때문이다. 활공에 적합한 형태란 활공비가 좋은 날개를 의미한다. **활공비란 '활공할 수 있는 거리/고도'를 말한다. 이는 '양력/항력'으로 나타내는 양력과 항력의 비**다. 양력이 클수록, 항력이 작을수록 양항비가 좋아져서 멀리까지 활공할 수 있게 된다.

양력과 항력은 각각 날개의 받음각에 따라 변화하며, 각 변화의 정도는 날개 단면의 형태와 평면의 형태에 따라 달라진다. **양력이 가장 크고 동시에 항력은 가장 작아지는 받음각을 취했을 때의 속도가 바로 그 비행기가 가장 멀리까지 활공으로 비행할 수 있는 속도인 최적 활공 속도다.** 이 속도는 비행기의 기종별로 다르다. 비행기의 조종 매뉴얼에는 최적 활공 속도가 기재되어 있으므로 상공에서 엔진이 정지했을 때와 같이 안전하게 불시착할 수 있는 장소까지 활공해야만 하는 경우에는 이 속도로 비행한다.

활공비는 소형 비행기의 경우는 10 전후, 제트여객기는 20 전후이며, 글라이더는 30이 넘기도 한다. 30은 고도 1,000m에서 활공을 시작해 수평 거리로 30km나 비행할 수 있다는 뜻이다.

엔진이 정지하더라도 비행기는 날 수 있다

비행기는 활공할 수 있다. 비행 훈련에서도 불시착할 경우를 상정해 활주로 위에 접지점을 정해두고 활공으로 그 위치에 정확히 착지시키는 훈련을 한다. 속도는 그 비행기의 최적 활공 속도를 따른다. 다만 중량이나 대기의 상태, 즉 기온이나 공기의 밀도, 풍향 및 풍속에 따라 상황이 달라지므로 상황을 잘 읽어가며 접지점으로 다가가야 한다.

훈련에서는 평소보다 활주로와 가까운 주변 경로를 비행하다 다운윈드(활주로의 진입 방향과는 180° 반대 방향으로 비행하는 코스) 활주로 끝부분의 에이밍(바로 옆)에 왔을 때 엔진 출력을 완속으로 바꾸고 활공해서 고도를 낮춘다.

가라앉는 정도를 살펴가며 플랩(주날개 뒷전에 달려 있는 고양력 장치)을 내린다. 만약 3단계로 나눠서 내려가는 플랩이라면 가라앉는 정도와 대지속도를 확인하며 차례대로 3단까지 낮춰간다.

플랩을 내리면 양력이 증가하므로 강하율이 낮아진다. 하지만 동시에 항력도 증가하므로 속도 역시 감소한다. 상황을 살피며 2단, 3단, 차례대로 플랩을 내려나가야 한다. 일반적으로 3단계까지 내리면 항력이 크게 증가한다. 3단계 플랩은 확실하게 활주로 위로 들어설 수 있겠다는 판단이 섰을 때 내린다.

상공의 바람은 강하다

상공의 바람을 관측해보자

지상에서 거의 바람이 불지 않더라도 고층 빌딩의 상층에서는 강한 바람이 부는 현상을 경험한 사람이 많을 것이다.

고도가 높아지면서 풍향과 풍속이 어떻게 변화하는지, 윈드 프로파일러의 데이터를 통해 살펴보자. 윈드 프로파일러란 기상청이 고층의 바람 성분을 관측하기 위해 설치한 장치로, **상공으로 전파를 발사해서 공기 중의 미립자와 충돌시킨 후, 되돌아온 전파를 포착해 상공의 바람을 관측하는** 장치이다.

일본에서는 33곳의 관측 지점에서 고도 300m 간격으로 10분마다 관측을 하고 있다. 도쿄에서 가장 가까운 사이타마현 구마타니시에서 2020년 5월 31일 14시에 윈드 프로파일러가 관측한 데이터를 살펴보도록 하자. 지상의 바람은 일본 기상청의 지역 기상관측 시스템인 아메다스를 통해 관측한 데이터이다.

[그림 4-12] 윈드 프로파일러가 관측한 상공의 바람

고도	풍향	풍속
9,000m	서남서	29m/s
8,000m	서남서	24m/s
7,000m	서	20m/s
6,000m	서	17m/s
5,000m	서남서	17m/s
4,000m	서	10m/s
3,000m	남남서	8m/s
2,000m	남남서	7m/s
1,000m	남남동	9m/s
지상	남남동	3.7m/s

지상에서는 산들바람 정도의 남풍이지만 1,000m 상공에서는 풍속이 2배 이상으로 늘어나고, 5,000m 상공에서는 17m/s로 태풍급의 강풍으로 돌변한다. 풍향 역시 고도 4,000m를 경계로 남쪽에서 서쪽으로 변했다.

상공으로 올라갈수록 풍속이 빨라지는데, 권계면과 가까운 9,000m의 고도에서는 29m/s로 속도가 매우 빨라졌다. 이는 권계면 부근에 제트기류가 존재하기 때문이다. 중위도 지방에서는 서쪽에서 동쪽으로 향하는 제트기류가 탁월하여, 겨울철이면 초속 60노트(110km/h)에서 최대 200노트(370km/h)에 달한다.

윈드 프로파일러가 관측한 위의 데이터는 초여름의 자료이므로 상공의 바람은 아직 약하지만, 겨울철에 접어들면 고도 1,000~2,000m 언저리부터 서쪽 혹은 북서쪽으로부터 불어오는 바람이 탁월해지기 시작한다.

비행기와 바람

역풍과 순풍, 공기의 밀도, 횡풍

역풍과 순풍

새와 비행기 모두 이착륙할 때는 바람을 향해서 난다. 이륙하기 위해서는 체중(기체의 무게)을 지탱할 만한 양력을 끌어내야만 한다. 양력을 얻으려면 속도가 필요하다. 양력의 식은 $L = \frac{1}{2}SV^2C_L$이다. **공기의 밀도 ρ·날개의 면적 S·속도 V·양력계수 C_L이 양력의 크기를 결정한다.**

식을 보면 알 수 있듯이 **조종사가 자신의 의지대로 조작할 수 있는 부분은 속도와 받음각**이다. 속도는 엔진 출력을 제어하면 바꿀 수 있고, 받음각은 조종간을 당기거나 밀어서 엘리베이터(승강타)를 움직이면 바꿀 수 있다.

그러나 새는 자신의 뜻대로 날개의 면적을 조절할 수 있지만 비행기는 불가능하다. 다만 플랩을 사용해 조금 넓힐 수는 있다.

비행기는 이륙할 때 땅에서 벗어나 날아오르기 위한 최적의 속도와 자세

(받음각)를 취한다. 이륙할 때, 정면에서 10노트(5m/s)의 바람이 불어온다면 무풍일 때보다 빨리 이륙 속도에 도달할 수 있으므로 지상 활주 거리가 짧아진다. 반대로 뒤에서 바람이 불어오는 순풍의 경우는 이륙 속도에 도달하기까지 시간이 걸리므로 지상 활주 거리가 길어지고 만다. 그러면 짧은 활주로의 경우 코스에서 벗어나게 될 우려가 있다.

따라서 비행기에는 순풍일 때의 속도 제한이 마련되어 있다. 기종에 따라 다르지만 10노트 정도가 많다. 10노트나 되면 지상 활주 거리가 제법 늘어나므로 조종사는 비행기의 성능표를 보고 이륙 거리를 파악해야 한다. 바람 외에도 이륙 중량·외부의 기온·공기의 밀도·비행장의 표고 등도 이륙 거리에 영향을 미친다.

공기의 밀도

공기의 밀도는 비행기의 성능에 큰 영향을 미친다. 공기의 밀도는 기온에 따라 변화한다. 기온이 높을 때는 공기의 밀도가 낮아진다.

예를 들어 표준기압 1,013hPa에서 0℃일 때에 비해 30℃에서는 공기의 밀도가 10% 정도 낮아진다. 이 정도 차이는 체감할 수 있다. 여름철에 부는 약 5m/s의 바람은 산들바람처럼 느껴지지만 한겨울에 동일한 풍속의 바람이 불어올 경우에는 옷깃을 단단히 여미지 않으면 코트가 벗겨질 것처럼 느껴진다.

비행기가 이륙한 뒤의 상승률(일정한 기준에서 위로 올라가는 비율-옮긴이)도 달라진다. 추울 때는 상승률이 좋지만 더운 여름날에는 상승률이 나빠진다. 이는 공기의 밀도 차이에서 비롯된다. 표고가 높은 비행장 역시 기압이 낮으므로 이륙 활주 거리가 길어지며 상승률도 나빠진다. 일본에서 가장 표고가 높은 비행장은 나가노현 마쓰모토시의 마쓰모토 공항으로 표고 658m(2,160피트)이다. 이곳에서 이착륙하면 공기의 밀도 차이를 실감할 수 있다. 이 높이에서 해수면 위의 온도가 15℃라 가정하면 표준대기의 경우 마쓰모토 공항의 온도는 11℃, 이때의 공기 밀도는 1.15kg/m³이므로 해수면 위의 공기 밀도보다 7% 낮은 셈이다.

횡풍

비행기에는 이착륙 시 순풍에 대한 속도 제한이 있지만 역풍에 대해서는 딱히 제한이 없다. 다만 이륙 방향과 어긋난 방향에서 불어오는 바람에는 횡풍 성분이 있으므로 횡풍 제한속도를 고려해야만 한다. 횡풍 성분이란 바람이 지닌 측면으로부터의 벡터를 말한다. 이륙 방향에서 우측 30°로부터 20노트(10m/s)의 바람이 불어온다면 횡풍 성분은 우측(바로 옆)에서 10노트, 우측 45°에서 불어온다면 횡풍 성분은 우측(바로 옆)에서 14노트, 우측 60°일 경우에는 17노트이다.

이는 삼각함수를 이용해 간단히 계산할 수 있다. 우측 30°에서 20노트의 바람이 불어올 경우라면 횡풍 성분 x는 $\frac{x}{20} = Sin30°$로 10노트가 된다. 실제로 각도가 몇 도일 경우 풍속의 몇 퍼센트라는 기준이 잡혀 있으면 실제 비행에서도 편리하다.

참고로 세스나 172기와 같은 소형기가 착륙 가능한 횡풍 한계속도는 15

노트이므로 위에서 언급된 것처럼 풍속이 20노트일 경우에는 우측 45°에서 불어오는 바람에는 착륙해도 괜찮으나 60°를 넘으면 착륙할 수 없다.

대형기는 횡풍 한계속도가 높은데, 보잉 737기의 경우는 29노트의 횡풍에도 착륙할 수 있다. 다만 활주로의 표면 상태(건조한지 습한지)나 진입 방식에 따라 속도가 달라진다.

계절의 변화를 나타내는 바람

하루이치반·고가라시 1호

하루이치반

계절이 바뀔 때 불어오는 바람이 있다. 일본에서는 이와 같은 바람에 독특한 이름을 붙였다.

봄기운이 솔솔 감도는 2월경, 이전까지와는 다르게 따뜻하고 강한 남풍이 불어올 때가 있다. 일본 부근에서 한기를 불러일으키던 시베리아 고기압이 북서쪽 방면으로 물러나고 남쪽 해상의 태평양 고기압이 발달하면서 그 사이에 긴 동해에

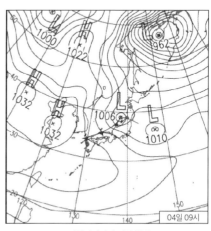

하루이치반의 지상 일기도(2021년 2월 4일)

저기압이 발생, 발달하며 북동쪽으로 나아감에 따라 남쪽으로부터 바람이 불어오는 것이다.

이 바람은 봄을 알리는 바람이라 하여 '하루이치반(春一番)'이라고 불린다. 하루이치반으로 인정받으려면 조건이 필요하다.

일본 간토 지방에서는 ① **입춘에서 춘분 사이**, ② **동해에 저기압이 있으며**, ③ **풍향은 남서남에서 동남동 사이, 풍속은 8m/s 이상**, ④ **기온이 전날보다 높아야 한다**라는 조건을 충족시키는 바람을 말한다.

고가라시 1호

가을의 막바지에 불어오는 차가운 북풍, 혹은 북서풍을 가리켜 일본에서는 '고가라시 1호(木枯らし一号)'라고 부른다. 가을이 끝나갈 무렵이면 홋카이도 동쪽의 오호츠크해에서 저기압이 발생하고 시베리아 대륙에서는 한랭한 시베리아 고기압이 뻗치기 시작한다. 그 결과, 일본 열도에서는 일시적으로 겨울형 기압 배치가 형성되면서 차가운 북서풍인 고가라시(木枯らし)가 불어온다. 그해 처음으로 불어온 고가라시가 바로 고가라시 1호로, 다음과 같은 조건이 정해져 있다.

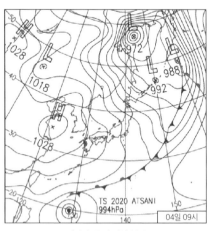

고가라시 1호의 지상 일기도(2020년 11월 4일)

① 10월 중반부터 11월 말 사이, ② 기압 배치는 서고동저, ③ 풍향은 서북서 혹은 북, 풍속은 8m/s 이상일 것.

하루이치반과 고가라시 1호 모두 계절이 바뀜을 실감케 해주는 바람이라 할 수 있다.

바람은 비행기의 천적

세스나 172기와 같은 소형 단발 프로펠러기의 순항 속도는 100노트(185km/h) 정도다. 신칸센은 300km/h 정도로 달리니 신칸센보다도 느린 셈이다. 실제로 세스나 172기를 타고 신칸센 위를 날아보면 당해낼 수 없다.

상공으로 올라갈수록 바람이 강해지는데, 겨울철, 북서계절풍이 강할 때는 상공의 바람 역시 무척 강해진다. 지상에서도 20노트를 넘는 북풍이나 북서풍이 부는 날에 1만 피트(3,000m)까지 올라가면 50노트가 넘는 강한 바람이 불어오는 경우가 왕왕 있다.

일본의 아키타 공항에서 삿포로 오카다마 공항까지 비행했을 때의 일이다. 9,500피트 정도에서 순항하고 있는데 아무리 날아도 좀처럼 나아가지를 못하는 것이 아닌가. 지상 관제탑으로부터 "조금 낮은 고도에서 날아보면 어떻겠습니까"라고 조언을 받은 적이 있다. 그때의 역풍은 50노트가 넘었으니 대지속도는 50노트(93km/h) 이하였다. 고속도로를 달리는 자동차 정도의 속도인 셈이다.

참고로 그때 조종사는 내가 아니었다. 다른 훈련생이었다.

제 5 장

기압

공기의 힘은 매우 강력하다. 기압의 변화에 따라 바람이 발생하고 때로는 강력한 에너지를 간직한 채 불어오는 폭풍으로 돌변하기도 하는 등, 공기의 힘은 다양한 기상의 변화를 초래한다. 저기압·고기압은 일기도에서 닫힌 등압선에 둘러싸인 부분으로, 주변보다 기압이 낮은 부분을 저기압, 높은 부분을 고기압이라고 한다.

기압이란 무엇인가?

대기의 압력·저기압·고기압

수은주의 높이를 통해 사상 최초로 기압을 측정한 인물은 앞서 언급했듯 17세기 이탈리아의 과학자 토리첼리였다. 기압은 상공으로 올라갈수록 서서히 약해지면서도 약 100km까지 존재하는 공기의 무게다. 공기에는 질량이 있는데, 지구의 중력에 의해 지면으로 내리눌린다. 공기가 지면에 미치는 힘이 1기압으로, **1m²당 10톤, 지표 1cm²당 1킬로그램힘의 무게가 가해진다. 힘의 단위인 뉴턴으로 나타내면 9.8N**이다.

대기의 무게를 실감할 수 있는 가까운 사례로는 흡반이 있다. 유리나 금속의 표면에 흡반을 붙일 때, 흡반을 꾹 누른 뒤 손을 떼면 딱 달라붙는다. 누를 때 흡반 내부의 공기가 밖으로 밀려나가 진공에 가까운 상태가 되면서 흡반 외부로부터의 공기압에 짓눌리는 것이다.

1654년 5월 8일, 진공에 관한 역사적인 실험이 실시되었다. '마그데부르크

[그림 5-1] 마그데부르크의 반구 실험

Luftpumpe: Experiment mit Guerikes Magdeburger Halbkugeln.
Faksimile aus: Otto von Guerikes Experimenta. Amsterdam 1672.

의 반구'라는 실험이다. 독일의 화학자이자 마그데부르크의 시장이기도 했던 게리케는 지름 약 50cm의 금속 반구 두 개를 붙인 후 자신이 발명한 진공 펌프로 내부의 공기를 빼내 진공 상태로 만들었다. 이 두 개의 반구는 양옆에서 각각 여덟 마리의 말이 잡아당겨서야 간신히 떨어졌다.

이 일화에서도 알 수 있듯 공기의 힘은 매우 강력하다. 기압의 변화에 따라 바람이 발생하고 때로는 강력한 에너지를 간직한 채 불어오는 폭풍으로 돌변하기도 하는 등, 공기의 힘은 다양한 기상의 변화를 초래한다.

저기압

저기압·고기압은 일기도에서 닫힌 등압선에 둘러싸인 부분으로, 주변보다 기압이 낮은 부분을 저기압(기호는 L 혹은 저), 높은 부분을 고기압(기호는 H 혹은 고)이라고 한다.

저기압으로는 온대 저기압·열대 저기압·열적 저기압·지형성 저기압 등이 있다.

· 온대 저기압

중위도의 온대지방에서 발생하는 저기압인 온대 저기압은 전선을 동반하는 경우가 많다는 특징이 있다. 생성 원인은 다양하게 생각해볼 수 있지만 주로 편서풍 파동(경압불안정파라고도 한다)이 원인으로 보인다. 북쪽에서 남쪽으로 내려가는 찬 공기와 남쪽에서 북쪽으로 올라오는 따뜻한 공기가 충돌

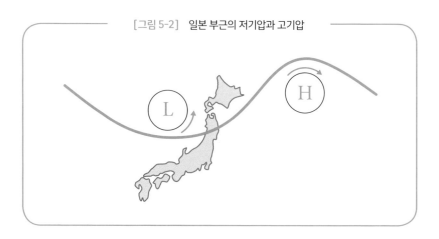

[그림 5-2] 일본 부근의 저기압과 고기압

함에 따라 편서풍이 남북으로 구불구불하게 흐르며 저기압이 생겨나기 시작한다. **편서풍이 남쪽으로 휘어지는 부분의 안쪽(북반구에서는 북쪽)에서는 왼쪽으로 도는 바람의 장이 형성되므로 저기압을 이루고,** 반대로 북쪽을 향해 휘어지는 부분의 안쪽(북반구에서는 남쪽)에서는 오른쪽으로 도는 바람의 장이 형성되므로 고기압이 생겨난다.

· 열대 저기압

열대 저기압은 열대지방에서 발생하는 저기압으로, 등압선은 동심원 형태이며 전선을 동반하지 않는 저기압이다. 해수의 온도가 높은 열대지방의 해상에서 수증기를 대량으로 머금은 상승기류를 통해 발생한다. **중심 부근의 최대 풍속이 17.2m/s(34노트)를 돌파한 열대 저기압을 태풍이라고 부른다.** 기상청은 태풍의 크기를 '대형'·'초대형', 세기는 '강'·'매우 강'·'초강력'으로 분류한다.

흔히 '태풍'이라 통일해서 부르지만 세계기상기관(WMO)의 국제표준에서는 풍속에 따라 다음과 같이 분류한다.

열대저압부(Tropical Depression)	33노트 이하
열대폭풍(Tropical Storm)	34~47노트
강한 열대폭풍(Severe Tropical Storm)	48~63노트
태풍(Typhoon/Hurricane/Cyclone)	64노트 이상

・열적 저기압

열직 저기압은 햇볕 등에 뜨거워진 지표면의 온도가 상승해 상승기류가 발생하면서 형성된다. 예를 들어 분지 형태의 지역이 여름의 강한 햇볕에 뜨거워져서 상승기류가 발생해, 적운이나 적란운이 만들어지면서 단기간에 강한 비가 내리는 경우가 있다. 한여름 도심지에 국지적으로 내리는 소나기 역시 열적 저기압에 따른 경우가 많다. 아스팔트·콘크리트·유리처럼 비열이 낮은 건조물이 많은 도심지에서는 햇볕이 강하면 열이 갇히는 열섬현상이 발생한다. 이 경우 역시 국지적으로 상승기류가 형성되면서 게릴라성 호우라 하여 단기간에 극히 좁은 범위에 집중되는 맹렬한 비를 뿌린다.

・지형성 저기압

지형성 저기압은 공기가 지형의 영향을 받아 기계적으로 끌어올려지면서 형성되는 저기압이다. 산의 경사면과 충돌한 바람은 오르막을 따라 상승해 상승기류를 이룬다. 골짜기로 불어온 바람은 수렴하며 상승해서 거센 상승류를 이루는 경우가 있다.

고기압

고기압은 주변보다 기압이 높은 부분이다. 고기압은 크게 키 큰 고기압과 키 작은 고기압으로 나뉜다. **키 큰 고기압은 온난하고 높게 뻗어 있으며 키 작은 고기압은 한랭하고 높이가 낮다.**

키 큰 고기압으로는 아열대 고기압이 있고, 키 작은 고기압으로는 한랭한 대륙성 고기압이 있다. 그 외에 이동성 고기압이 있는데, 일본 열도에는 봄·가을에 며칠간 맑은 날씨를 불러온다. 이동성 고기압에도 한랭형과 온난형이 있다. 한랭형은 이동 속도가 빠르지만 온난형은 키가 크고 이동 속도가 느려서 장기간의 맑은 날씨를 불러온다.

기단

기단이란 수평·수직 방향으로 동일한 성질을 지닌 거대한 공기 덩어리를 말한다. 기단은 기압 경도력의 영향을 받아 천천히 이동하지만 자신이 지닌 성질은 그대로 보존하고 있다. 따라서 한기를 지닌 기단이 남하하면 일본 열도는 추워지고, 태평양의 기단이 세력을 키워 오면 일본 열도는 더워진다.

기단으로는 대륙성과 해양성 기단이 있는데, 대륙성 기단은 건조하고 해양성 기단은 습윤하다. 또한 한랭한 기단과 온난한 기단이 있다. 일본 부근에서는 **시베리아 기단이 대륙성·한랭·건조하고, 오호츠크해 기단이 해양성·한랭·습윤하며, 양쯔강 기단이 대륙성·온난·건조하고, 북태평양 기단이 해양성·온난·습윤하며, 적도 기단이 해양성·온난(고온)·습윤**하다.

시베리아 기단은 겨울철에 세력을 키워서 일본 부근에 한기와 한파를 초래하고, 호설과 같은 겨울 특유의 기상현상을 일으킨다. 오호츠크해 기단은 주로 장마철에 홋카이도 동쪽의 오호츠크해에서 발생해 일본 열도의 태평양 부근에 차갑고 습한 바람을 보낸다. 장마전선은 이 기단과 북태평양 기단 사이에서 형성된다.

양쯔강 기단은 중국 대륙 중부의 양쯔강 부근에서 생겨나는 대륙성 기단

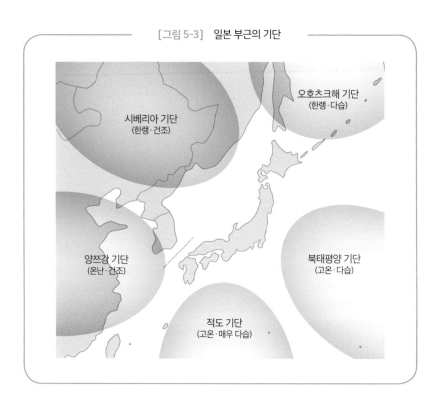

[그림 5-3] 일본 부근의 기단

시베리아 기단
(한랭·건조)

오호츠크해 기단
(한랭·다습)

양쯔강 기단
(온난·건조)

북태평양 기단
(고온·다습)

적도 기단
(고온·매우 다습)

으로, 주로 가을과 봄에 출현해 천천히 동쪽으로 이동한다.

북태평양 기단은 여름철에 일본의 오가사와라 제도 방면에서 발생해 일본 열도에 무더운 공기를 보낸다.

적도 기단은 한여름의 불볕더위를 초래하는 기단이다. 태풍과 함께 일본 열도 부근으로 뻗어 나와 불볕더위를 불러오는 한편 장마전선을 자극해 호우를 초래하기도 한다. 서로 다른 기단이 충돌하는 곳에서는 기상요란(대기의 상태가 불안정할 때 발생하는 여러 기상현상-옮긴이)이 발생한다.

저기압의 종류

일본 부근의 다양한 저기압

앞서 보았듯이 저기압에는 온대성 저기압과 열대성 저기압 등이 있지만 실제로 발생하는 저기압의 종류는 무척 다양하여 제각기 이름이 붙어 있다. 일기예보에서 종종 듣곤 하는 일본 부근의 저기압은 다음과 같다.

·동중국해 저기압

대만 부근의 동중국해에서 발생해서 **일본 열도 쪽으로 진행, 발달하며 북동쪽으로 나아가는 저기압**이다. 과거에는 대만 저기압이라고 불렸다. 그보다 예전에는 지상 일기도에 나타나는 등압선이 스님의 머리와 닮았다는 이유로 대만 스님이라 부르기도 했지만 현재는 더 이상 쓰이지 않는 명칭이다.

· 알류샨 저기압

오호츠크해 동쪽의 알류샨 열도 방면에서 겨울철에 발달하는 저기압이다. 일본 열도 부근에 **겨울철의 서고동저형 기압 배치를 형성하는** 요인 중 하나다.

· 후타쓰다마 저기압

동해와 일본 열도 남안을 따라 **두 개의 저기압이 나란히 발달하며 북동쪽으로 나아간다.** 광범위하게 악천후를 초래한다.

· 동해 저기압

동해에서 발달해 북동쪽으로 이동하는 저기압이다. 일본 열도에서도 태평양 방면에 강한 남풍을 불러온다. **하루이치반을 불러오는 저기압**이기도 하다. 5월에 발생하면 메이스톰(일본에서 4월 말부터 5월 초에 걸쳐 강한 태풍이 부는 현상을 가리키는 일본식 영어-옮긴이)을 초래한다. 동해 쪽에서는 푄 현상이 일어나 계절과 맞지 않는 고온이 발생하는 경우가 있다.

• 남안 저기압

일본의 남안에서 발달해 북동쪽으로 나아가는 저기압으로, 태평양 방면에 악천후를 초래하고 겨울철, 특히 겨울 막바지에 일본의 **간토 지방에 대설을 불러오는** 경우가 있다.

• 폭탄 저기압

흉흉한 이름 때문인지 최근에는 잘 사용되지 않는 명칭으로, 현재는 일본 기상청에서도 '**급속도로 발달하는 저기압**'이라고 부른다. 단기간에 발달하기 때문에 느닷없이 폭풍우를 일으키기도 한다.

발달하는 저기압

저기압은 발생한 후 발달하다 이윽고 쇠퇴, 소멸해간다. 저기압의 일생에서 가장 중요한 때는 발달 단계다. 발달 정도에 따라 바람의 세기와 강수량이 변하고, 재해의 규모 역시 달라진다.

저기압이 발달한다는 말은 무슨 뜻일까. 저기압의 중심 기압이 낮아지는 현상을 발달한다고 표현한다. '**급속도로 발달**'한다는 말은 **중심 기압이 24시간만에 17.8hPa 이상(북위 40°의 경우) 떨어지는** 경우를 말한다. 이는 표준기압상태인 1,013hPa이 995hPa까지 떨어진다는 뜻으로, 무척 급격한 변화라 할 수 있다.

저기압은 상승기류가 상승함에 따라 발달한다. 그 조건은 지상 혹은 해상의 기온이 높고 수증기를 대량으로 공급받을 것, 상공으로 차가운 공기가 유입되고 있을 것 등이 있다. 열에너지와 수증기가 계속 공급되면 상공에 구름이 생겨난다. 또한 상공에 차가운 공기가 유입되면 대기의 상태가 불안정해지고 저기압은 한층 더 발달한다.

또한 **동쪽으로 진행되는 저기압은 그다지 발달하지 않지만 북동쪽으로 진행되는 저기압은 발달한다.** 저기압의 전방에는 습하고 따뜻한 공기가 흘러들고 후방으로는 한기가 유입되기 때문이다.

고기압의 종류

일본 부근의 고기압

일본 부근에는 다음과 같은 고기압이 발생한다.

· 이동성 고기압

일본 열도 상공에 봄과 가을에 나타나는 고기압으로, **중국 대륙에서 발달하여 동서로 길게 뻗으며 높은 고압부를 지닌 키 큰(온난하며 높은 곳까지 뻗어 있는) 고기압**이다. 양쯔강 기단이 기원이므로 건조한 대륙성 기단으로 이루어져 있으며 선선하다. 서쪽에서 동쪽을 향해 40km/h 정도의 빠른 속도로 이동해 온대 저기압과 교대로 나타나 일본 열도에 며칠 동안 이어지는 맑은 날씨를 불러온다.

이동성 고기압의 후면(중심보다 서쪽)에 진입하면 남쪽으로부터 따뜻한 공기가 유입되어(특히 중층) 고적운 등이 발생하기 쉬워지는데, 쾌청하다고는

할 수 없지만 그럼에도 좋은 날씨임에는 변함이 없다.

· 시베리아 고기압

겨울철에 시베리아 방면에서 발생하는 한랭·건조하고 세력이 큰, 키 작은(한랭하며 높이가 낮은) 고기압이다. 겨울철의 서고동저형 기압 배치에서 서고를 형성한다. 이 한랭한 고기압이 일본 부근까지 뻗어 나오면 기온이 낮아지며 한파가 찾아온다. 대설 역시 시베리아 고기압에서 뿜어져 나오는 차가운 공기에 따른 결과다. 동해를 건너는 사이에 수증기를 잔뜩 머금은 이 기류(북서풍)가 일본 해안의 산맥과 충돌해 상승하며 눈을 뿌리는 것이다.

· 티베트 고기압

티베트 고원의 대류권 상층에서 발생하는 고기압이다. 티베트 고기압이 발달하면 제트기류는 북쪽(고위도)으로 올라가고, 일본 열도는 장마에서 한여름으로 접어든다. **티베트 고기압은 고층에서만 발생하며 지상 일기도에서는 저기압으로 나타난다.**

· 오호츠크해 고기압

초여름부터 여름에 걸쳐 **홋카이도 동쪽의 오호츠크해에 나타나는 한랭·습윤한 고기압**이다. 오호츠크해 고기압과 태평양 고기압·오가사와라 고기압 사이에 장마전선이 형성된다. 오호츠크해 고기압은 여름철에 남쪽(저위도)으로 내려간 제트기류가 티베트 고원에서 남북으로 나뉘고 오호츠크해에서 합류, 수렴하면서 발생한다. 같은 장소에 오랫동안 머무는 경우가 많다. 이 고기압에서 차갑고 습한 바람이 일본 열도의 태평양 방면으로 흘러들기도 한다. 이것이 바로 앞서 설명한 '야마세'로, 농작물에 피해를 끼친다.

제트기류의 북상으로 더 이상 티베트 상공에서 기류가 나뉘지 않게 되면 태평양 고기압의 세력이 강해지면서 장마는 막을 내린다.

· 태평양 고기압

하와이 제도 부근에 중심을 두고 있으며 여름철에 일본 동쪽에서 세력이 강해지는 대형 고기압이다.

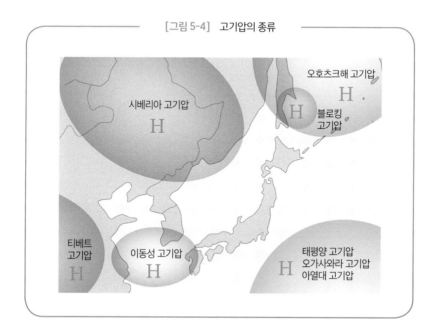

[그림 5-4] 고기압의 종류

· 오가사와라 고기압

태평양 고기압의 일부로, 일본의 오가사와라 제도 부근에 중심을 둔 고기
압이다.

· 아열대 고기압

북위 20°에서 30° 부근에 중심을 둔 고기압이다. 태평양 고기압도 아열대
고기압의 일부다.

· 블로킹 고기압(절리 고기압)

고기압의 성질을 나타낸 것이다. **제트기류가 크게 휘어지면서 생겨나는 고기압
이 한자리에 오래 정체되는 현상**이다. 오호츠크해 고기압이 여기에 해당한다.
블로킹 고기압에서는 한랭한 공기가 불어온다.

전선은 난기류의 소굴

입체적 기상요란의 현장

따뜻한 기단과 차가운 기단이 맞닿는 부분이나 습윤하고 따뜻한 공기와 차가운 공기가 충돌하는 부분 등, **성질이 크게 다른 공기 덩어리가 맞닿는 곳에서는 전선이 발생**한다.

전선을 사이에 두고 기온·풍향과 풍속·기압·이슬점온도 등이 불연속적으로 변화하므로 전선은 불연속선이라고도 부른다. 전선은 상공을 향해 뻗어나가는데, 지상과 접촉한 부분이 바로 지상의 전선이다. 일기예보에서 사용되는 지상 일기도에 나타난 전선을 말한다. 상공으로 뻗어나간 부분은 상공의 전선대라고 부른다. 기울기는 한랭전선의 경우 50분의 1에서 100분의 1이고, 온난전선의 경우는 조금 더 완만하다. 100분의 1의 기울기를 각도로 바꾸면 0.6° 정도가 된다.

전선은 지상 일기도에 그려진 부분보다 조금 더 뻗어 나와 있으므로 전선이 그려져 있지 않다 해서 악천후가 아니라는 뜻은 아니다.

전선에는 한랭전선 · 온난전선 · 정체전선 · 폐색전선이 있다.

· 한랭전선

온난한 공기 밑으로 한랭한 공기가 파고 들면서 생겨난다. 전선면 위로 따뜻한 공기가 상승해 대기가 불안정해지면서 적란운을 형성, 거센 소나기성 비를 뿌린다 (소나기란 대류성 구름에서 내리는 비를 가리

킨다). 한랭전선이 통과하면 기온이 떨어진다. 전선의 이동 속도는 온난전선보다 빠르다.

· 온난전선

따뜻한 공기가 차가운 공기 위를 타고 오르면서 생겨난다. 대기의 상태가 불안정해지지만 적란운과 같은 구름은 거의 발생하지 않으며, 소나기가 아닌 일반적인 비를 광범위하게 뿌린다. 전선의 이동 속도는 한랭전선보다 느리다.

· 정체전선

차가운 기단과 따뜻한 기단 사이에서 생
겨난다. 움직임이 느려서 오랫동안 같은
자리에 머무른다. 장마전선이나 가을비
전선이 여기에 해당한다. 장마와 같이 오
랫동안 비를 뿌린다.

· 폐색전선

한랭전선의 이동 속도가 온난전선보다 빠
르기 때문에 온난전선을 추월해 상공으
로 차가운 공기가 돌아 들어오면서 발생
한다. 저기압 중심에서는 강한 비가 내리
지만 전선으로서는 말기에 해당하므로
오래 지속되지는 않는다.

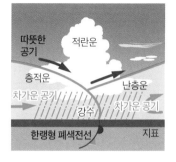

비행기를 타고 상공에서 전선을 살펴보면 구름의 종류나 높이가 차례대
로 변화해가는 모습을 확인할 수 있다.

28

비행기의 고도는 기압고도

기압고도·진고도·밀도고도

비행기의 고도에는 기압고도, 진고도, 밀도고도, 대지고도 등 여러 고도가 존재한다.

· 기압고도

기압이란 대기의 압력으로, 지상에는 압력 값이 큰 곳(고기압)이 있으면 작은 곳(저기압)도 있다. 압력, 다시 말해 기압이 변화하는 곳을 비행해야 하는 비행기에게 기압은 무척이나 중요하다. 자동차와 같이 지면 위를 달리는 이동수단과는 무관하지만 비행기는 하늘을 나는 만큼 기압과 밀접한 관련이 있다.

기압은 비행기가 고도를 측정하는 데 필수적인 요소다. 기압을 이용하면 단순한 구조의 기압계로도 고도를 측정할 수 있다. 비행기는 기압고도계를 이용해서 고도를 파악하게끔 되어 있다(기압고도계의 구조는 그림 2-6 참조). 그런데 기압이 어느 곳이나 동일하다면 지면에 대해 동일한 고도로 계속 비행할 수 있겠지만 기압이 중간에 변했을 때는 어떻게 될까.

예를 들어 비행기가 고기압 권내에서 저기압 권내를 향해 비행한다면 기압고도계의 바늘은 어떻게 변할까. 기압고도계가 가리키는 고도가 5,000 피트였다고 가정했을 때, 기압고도계가 가리키는 5,000피트 고도를 준수한 채 저압부를 향해 날아가다 보면 실제 고도는(평균 해수면으로부터의 고도) 5,000피트보다도 낮아지게 된다. 이래서는 중간에 산처럼 높은 장애물을 만났을 경우 충돌하고 말 가능성이 있다. 따라서 고도계 수정치(QNH)로 기압고도계를 수정해야 한다. 이는 **각 비행장의 기압(수은주인치)을 해수면상의 값으로 환산한 수치다. QNH를 맞춰놓으면 기압고도계는 평균 해수면으로부터의 정확한 높이를 가리키게 된다.**

모든 비행기는 기압고도에서 비행한다. 그러므로 중간에 기압이 변하더라도 모든 비행기가 같은 수직 간격으로 비행할 수 있다.

기압고도계를 맞추는 방식으로는 QNH 방식 외에 QNE와 QFE가 있다. QNE 방식은 1만 4,000피트(일본의 경우) 이상에서 비행하는 항공기가 사용한다. 수정치를 표준대기 상태인 29.92로 맞추고 다른 항공기와의 수직 간격을 유지한다. 고도 1만 4,000피트 이상부터 플라이트 레벨(FL)이라는 개념을 사용한다.

QFE는 비행기가 활주로 위에 있을 때 기압고도계가 0을 가리키게끔 하는 설정 방식으로, 초보 비행사의 훈련 비행 등에 사용된다.

·진고도

기압고도계에 QNH를 설정해 기압고도계의 지시를 바탕으로 비행하고 있어도 실제 고도(평균 해수면으로부터의 정확한 고도)는 비행 고도의 외부 기온에 따라 달라진다. 표준대기 상태보다도 기온이 낮을 경우 실제 고도인 진고도는 기압고도계가 가리키는 고도보다도 낮아진다. 진고도는 기압고도를 외부 기압으로 보정한 값이다.

·밀도고도

특정 고도의 공기 밀도가 **표준대기표의 밀도에 대응하는 고도**를 말한다. 주로 엔진 출력을 조정할 때 이용한다.

·절대고도

지표 혹은 해수면으로부터의 높이를 말한다. **전파고도계를 이용해서 측정한 고도**다.

비행기의 속도는
기압으로 알 수 있다

동압과 정압·지시대기속도

공기의 압력에 따라 작동하는 기기로는 기압고도계 외에도 대기속도계가 있다. 여기서는 비행기의 속도에 대해 설명하도록 하겠다.

일반 독자를 위한 비행기 관련 서적의 경우, 비행 속도는 시속 몇 킬로미터라는 식으로 쓰여 있다. 속도의 종류가 명확히 쓰여 있지 않을 때는 이 속도를 자동차의 속도처럼 해석해서는 안 된다. 비행기의 속도에는 여섯 종류가 있다. 바로 지시대기속도(IAS: Indicated Air Speed), 수정대기속도(CAS: Calibrated Air Speed), 진대기속도(TAS: True Air Speed), 등가대기속도(EAS: Equivalent Air Speed), 마하수, 대지속도(GS: Ground Speed)다.

· 지시대기속도(IAS)

대기속도계가 가리키는 공기의 압력(동압)을 직접적으로 표시한 속도를 말

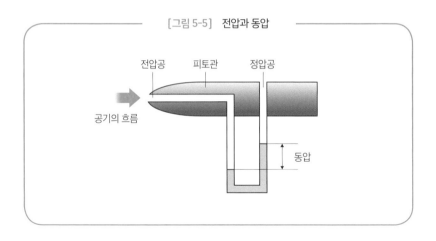

[그림 5-5] 전압과 동압

전압공　피토관　정압공

공기의 흐름

동압

하며, 조종사가 비행기를 조종할 때 이용한다. 지시대기속도는 고도가 상승해서 공기의 밀도가 낮아지면 실제 속도보다도 느리게 표시된다. **대기속도는 피토관으로 측정한 동압을 속도로 변환해서 표시**한다. 피토관은 전방에 뚫린 전압공으로 전압, 측면에 뚫린 정압공으로 정압을 측정하는데, 전압과 정압의 차이를 통해서 동압, 다시 말해 속도를 측정한다.

· **수정대기속도(CAS)**
피토관의 계측 오차·부착 위치에 따른 오차 등을 정확하게 수정한 대기속도를 말한다. 피토관은 기수, 기수 부분의 측면, 주날개 밑 등에 설치되어 있는데, 비행기의 자세가 변화하거나 기체가 미끄러지면 피토관으로 유입되는 공기의 힘도 달라지기 때문에 정확한 수치를 가리키지 못하게 된다. 특히 속도가 느릴 때는 받음각이 커지므로 대기속도계가 가리키는 속도와 실제 속도의 차이가 커진다. 이 오차를 수정해서 정확한 속도로 맞춘 값이 수정대기속도다.

수정대기속도는 대기속도계로는 알 수 없고 매뉴얼에 기재된 성능 표시에 쓰여 있다. 최근의 비행기는 글라스 콕핏의 화면에 지시대기속도와 수정대기속도, 진대기속도와 지면속도를 바꿔가며 표시할 수 있게끔 되어 있다.

· 진대기속도(TAS)

수정대기속도에 공기의 밀도(온도)를 보정해서 얻어지는 값으로, 대기에 대한 실제 속도를 말한다. 상공에 바람이 없다면 대지속도와 동일해지므로 항법에서는 진대기속도를 사용한다. 항법이란 특정 지점에서 다른 지점으로 계획된 시간 안에 비행하기 위한 방법이다.

고도가 상승할수록 공기의 밀도는 점점 낮아지기 때문에 피토관에 가해지는 공기의 압력은 작아지고, 대기속도계의 표시는 실제 속도인 진대기속도보다도 낮아진다. 예를 들어 2만 피트에서 지시대기속도 250노트로 비행하고 있다면 진대기속도는 350노트 정도가 된다. 이 또한 기온에 따라 달라진다.

· 등가대기속도(EAS)

비행기의 속도를 해수면상에 있을 경우로 환산한 속도다. 공기의 압축성을 무시한다면 '진대기속도 = 등가대기속도'가 된다. 또한 표준대기 상태라면 '진대기속도 = 등가대기속도 = 수정대기속도'가 된다. 이 속도는 비행기를 설계할 때나 성능을 평가할 경우에 사용된다.

・마하수

비행 속도(진대기속도)와 해당 고도에서의 음속의 비를 나타낸 값이다. 비행기의 진대기속도가 비행 중인 고도의 음속과 동일하다면 마하수는 1, 70%라면 0.7이 된다. 제트여객기의 순항 속도는 0.8 정도지만 3만 피트 이상의 높은 고도에서 순항 중일 때는 속도계를 지시대기속도로 바꾸면 270노트 정도로밖에 표시되지 않는다(고도와 기온에 따라 달라진다).

・대지속도(GS)

항법에 사용하는 속도는 실제 속도인 진대기속도지만 상공이 무풍인 경우는 거의 없으며 대개는 강한 바람이 불어온다. 맞바람이 불어온다면 대지속도가 느려지고, 순풍이 불어온다면 대지속도는 빨라진다. **지면에 대한 속도가 바로 대지속도**다. 이 속도를 사용해 목적지까지의 비행 시간을 계산한다.

음속

비행기의 속도를 음속에 대한 비로 나타낸 값이 마하수지만 음속 그 자체도 속도의 영역에 따라 분류할 수 있다. **1기압·15℃의 해수면에서의 음속은 약 341m/s다.**

• 아음속(subsonic)

마하수 0.75 이하. 공기의 압축에 따른 영향은 작다.

• 천음속(transonic)

마하수 0.75~1.2. 음속을 전후하는 속도. 음속을 뛰어넘으면 쾅, 하는 충격파가 발생한다.

• 초음속(supersonic)

마하수 1.2~5. 여객기 중에서는 콩코드(마하2. 운항 종료)가, 그 외에 일부 전투기(마하2~3 정도)가 이 속도로 비행할 수 있다.

• 극초음속(hypersonic)

마하수 5 정도의 속도. 도쿄에서 샌프란시스코까지 약 세 시간 만에 비행할 수 있는 극초음속기의 연구 및 개발이 진행 중이다.

제 6 장

온도

대기의 상태는 항상 변화하므로, 대기의 평균적인 상태를 대표하는 모델로 국제표준대기(ISA)가 지정되어 있다. 표준대기 상태에서의 해수면상의 온도는 15℃이다. 대기의 온도, 즉 기온은 비행기의 운항에 큰 영향을 끼친다. 기온이 높으면 공기의 밀도가 낮아지므로 같은 속도라 해도 양력이 줄어들고 만다. 그 결과 비행기의 상승 성능이나 이륙 성능이 달라진다.

대기는 항상 변화한다

국제표준대기 ISA

건조단열감률과 습윤단열감률

대기의 상태는 항상 변화한다. 따라서 대기의 평균적인 상태를 대표하는 모델로 국제표준대기(ISA)가 지정되어 있다('05. 굴뚝이 높은 이유' 참조).

표준대기 상태에서의 해수면상의 온도는 15℃로, 일정 체감률에 따라 낮아진다. 온도와 감률에 대한 정의는 다음과 같다.

- 해수면상의 온도가 15℃.
- 해수면상에서 온도가 −56.5℃가 될 때까지의 온도 기울기는
  −0.0065℃/m이며, 그 이상의 고도에서는 0이다.

온도 기울기란 온도의 체감률로, 100m 상승하면 −0.65℃ 낮아진다. 실

제로는 공기의 습도에 따라 달라진다. 공기가 건조할 때는 100m당 1℃씩 낮아지고, 수증기로 포화되어 있을 때는 100m당 평균적으로 약 0.5℃ 낮아진다. 전자를 건조단열감률, 후자를 습윤단열감률이라고 한다.

습윤단열감률이 건조단열감률보다 온도가 덜 낮아지는 이유는 수증기로 가득 차 있을 때 잠열을 방출해 공기를 따뜻하게 데우기 때문이다.

잠열

잠열이란 물의 형태(기체·액체·고체) 변화에 따라 방출 또는 흡수되는 열을 말한다. 온도의 변화를 일으키지 않고 발생하는 열이므로 감춰져 있는 열이라는 뜻에서 잠열이라 불린다. 물질의 형태가 기체·액체·고체로 변화하는 현상을 상변화라고 한다. 물은 수증기(기체)·물(액체)·얼음(고체)의 형태로 상변화한다. 이 변화를 일으킬 때마다 열이 나고 들어오는(방출과 흡수) 것이다.

얼음이 물로 바뀔 때는 열이 흡수되고, 물이 수증기로 바뀔 때는 기화열이 흡수되며, 수증기가 얼음으로 바뀔 때는 열이 방출된다. 반대로 수증기가 물이 될 때는 열이 방출되고, 물이 얼음이 될 때도 열이 방출되며, 얼음이 수증기로 바뀔 때는 승화열이 흡수된다.

이 중에서 습윤단열감률과 관련된 경우는 수증기가 물로 변할 때 발생하는 잠열의 방출이다. 이때 공기의 온도가 높아지기 때문에 습윤단열감률은 건조단열감률보다 온도가 덜 낮아지는 것이다.

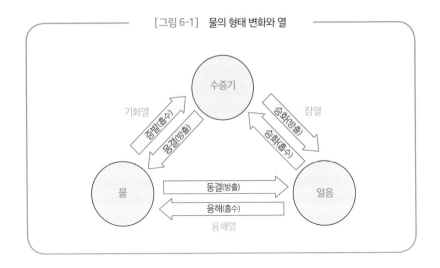

[그림 6-1] 물의 형태 변화와 열

단열도와 대기의 안정도

대기의 단면을 단열도(에마그램)로 살펴보면 건조단열선과 습윤단열선은 〈그림 6-2〉처럼 나타난다. 가로축은 온도, 세로축은 고도다. 건조단열선은 일정 비율로 온도가 낮아지므로 직선의 형태를 띠고, 습윤단열선은 상공으로 올라감에 따라 완만하게 왼쪽으로 기운다.

관측된 대기의 온도를 나타내는 선(상태곡선)을 그려 넣으면 대기의 상태를 알 수 있다. **상태곡선이 건조단열선보다 곧게 서 있으며 체감률이 건조단열감률보다 작으면 대기의 상태는 안정적**임을 의미하고, 반대로 낮게 누워 있고 체감률이 건조단열감률보다 크면 불안정함을 의미한다. 이는 습윤단열선의 경우에도 동일하다.

실제 공기의 경우, **불포화 상태의 공기는 건조단열선을 따라 상승하고, 포화된**

고도에서부터는 **습윤단열선을 따라 상승**한다.

　등포화혼합비선이란 건조 공기 1kg당 포화수증기량(g)의 비(혼합비)가 일정한 선으로, 상대습도가 100%가 되는 온도, 다시 말해 이슬점온도와 동일하다.

　상태곡선이 단열선보다 낮게 누워 있으면(왼쪽으로 더 기울어져 있으면) 상승한 공기는 실제 그 고도의 온도(상태곡선이 가리키는)보다도 높음을 의미한다. 따라서 이 공기는 주변의 공기보다 가벼우므로 계속해서 상승하려

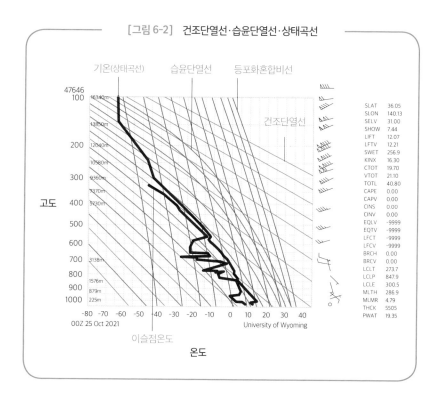

[그림 6-2]　건조단열선·습윤단열선·상태곡선

한다. 그 결과 구름이 발달해 악천후를 초래한다. 바로 대기가 불안정한 상태다.

반대로 상태곡선이 단열선보다 곧게 서 있으면(단열선 우측에 있으면) 상승한 공기는 더 이상 상승하려 하지 않는다. 이는 즉 대기의 상태가 안정적이라는 뜻이다.

상태곡선이 건조단열선과 습윤단열선 사이에 놓여 있을 때는 공기가 포화되어 있는지 건조한지에 따라 안정성이 달라진다. 포화되어 있을 경우에는 습윤단열선을 따라 상승하고, 포화되어 있지 않을 때는 건조단열선을 따라 상승한다. 포화된 공기가 특정 고도까지 상승했을 때, 이미 그 자리에 있던 공기보다 온도가 높을 경우에는 불안정해진다. 반대로 건조하다면 특정 고도까지 상승했을 때 그 자리에 있던 공기보다 온도가 낮으므로 안정

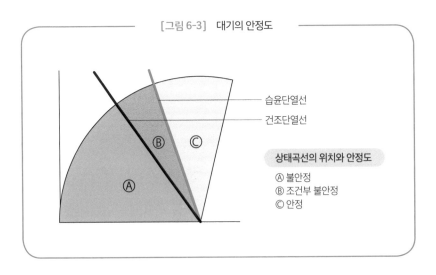

[그림 6-3] 대기의 안정도

습윤단열선
건조단열선

Ⓑ   Ⓒ

상태곡선의 위치와 안정도
Ⓐ 불안정
Ⓑ 조건부 불안정
Ⓒ 안정

Ⓐ

적인 상태를 이룬다.

습윤단열선과 건조단열선의 기울기 사이에 상태곡선이 놓여 있는 경우는 대기의 포화 상태에 따라 안정적이기도 하고 불안정하기도 하므로 이 상태를 조건부 불안정이라고 부른다.

역전층

기온은 고도가 상승함에 따라 낮아지지만 도중에 온도가 높아지는 경우가 있다. 이 부분이 바로 역전층이다. 상승한 공기는 역전층까지 도달하면 주변 공기의 온도가 더 높기 때문에 더 이상 상승하지 않게 된다.

대표적인 역전층으로는 상공으로 따뜻한 공기가 흘러들면서 형성되는 **전선성 역전층**, 맑은 날 야간에 지면이 차게 식고 지면과 인접한 공기도 함께

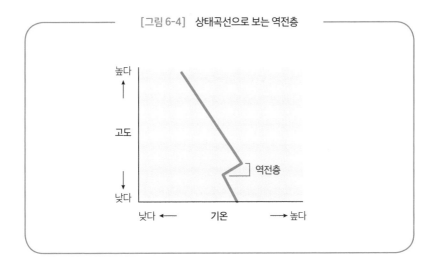

[그림 6-4] 상태곡선으로 보는 역전층

식으면서 수 미터~십여 미터의 높이에 형성되는 **접지 역전층**이 있다. 그 외에 고기압 권내에서 형성되는 **침강성 역전층, 난류 혼합으로 인해 형성되는 역전층**이 있다.

역전층 밑에는 연무나 먼지 따위가 정체되어 있는 경우가 있다. 역전층 위로는 시야가 확 트이며 깨끗한 푸른 하늘이 보인다.

비행기를 타고 하네다 공항을 향해 고도를 낮추고 있을 때, 역전층 밑으로 짙게 깔린 연무 탓에 시내의 빌딩이 흐릿하게 보였던 적이 있다. 상공에 역전층이 생겨나 바람이 약해지면 역전층 밑으로 먼지나 연무가 깔려서 시야가 차단되는 것이다. 연무가 자욱하게 깔릴 정도의 역전층이 형성되는 높이(헤이즈 톱)는 보통 여름에 높고 겨울에는 낮다. 이는 공기의 온도가 다르기 때문이다. 겨울은 3,000피트 정도면 헤이즈 톱에 도달하지만 여름은 8,000피트 정도에 도달하는 느낌이다. 이 높이는 그때그때 기상 조건에 따라 달라진다.

접지 역전층은 지면과 가까운 극히 낮은 높이에서 발생하는 역전층이다. 아침 안개나 저녁 안개가 낮고 길게 깔린 모습을 접할 때가 있다. 늦가을 무렵에 해가 저물면 지면의 온도가 낮아지면서 접지 역전이 발생해 연기 따위가 역전층까지 상승하지만 더 이상 올라가지 못한 채 가로로 퍼져나가기 때문이다.

또한 층운형 구름은 역전층이 존재하는 곳에서 가로로 확산된다. 하층의 층운·층적운, 중층의 고층운, 상층의 권층운 등 역시 역전층 때문에 가로로 넓게 퍼지면서 층 형태를 이룬다.

공기가 지닌 에너지

온위와 상당온위

공기의 성질을 알아보는 데 편리한 온위라는 단위가 있다. **온위란 건조한 공기를 상공에서 1,000hPa(거의 해수면상)의 고도까지 단열적으로 내렸을 때의 온도**로, 켈빈(K, 절대온도)으로 나타낸다. 예를 들어 850hPa(약 1,600m)의 고도에서 10℃의 공기를 건조단열선을 따라 1,000hPa의 고도까지 낮추면 약 24℃가 된다. 이를 절대온도로 환산하기 위해 273.15℃를 더한 약 297K이 이 공기의 온위다. 공기의 온도는 고도에 따라 달라지기 때문에 서로 다른 장소의 공기를 비교하려면 고도를 맞춰야 한다는 뜻이다.

이 온위에서 공기에 함유된 수증기의 잠열을 고려한 수치가 상당온위다. 상당온위는 공기가 지닌 에너지의 총량을 나타낸다. **수증기의 양이 많으면 많을수록 상당온위는 높아진다.**

일본 기상청이 제공하는 수치 예보 일기도 중에 FXJP854라는 예상 일기도가 있다. 매일 9시와 21시에 발표되는 12, 24, 36, 48시간 후 일본 주변의 예상 일기도로, 850hPa 면의 고도에서 불어오는 풍향, 풍속과 온위가 기록되어 있다. 이 예상도에서는 대기 하층의 따뜻한 공기와 수증기의 이류(移流, 대기의 수평적 흐름-옮긴이) 상황을 자세히 살펴볼 수 있다.

상당온위선이 빽빽한 부분은 전선이 형성되는 등 대기의 상태가 불안정한 곳이다. 전선의 위치와 전선의 변화, 강수의 세기와 시간의 변화를 예측하는 데 편리하다.

[그림 6-5] 일본 850hPa 바람·상당온위 12·24·36·48시간 예상도

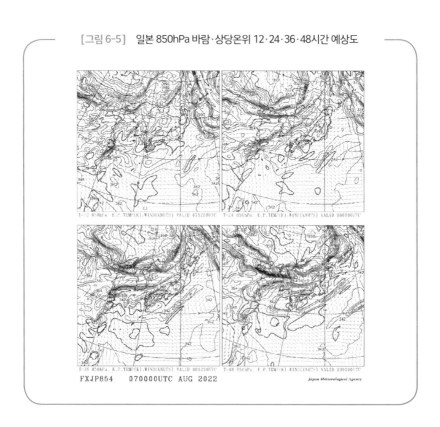

푄 현상에 따른 온도 상승

공기가 산을 넘으면 온도가 높아진다

대기의 상승 및 하강에 따른 단열효과로 인해 발생하는 기상현상으로 푄 현상이 있다. 강한 바람이 산맥과 충돌하면 경사면을 따라 상승한다. 그리고 산 정상을 넘으면 이번에는 경사면을 따라 하강하기 시작한다. 산맥과 충돌한 바람이 수증기를 포함하고 있으면 **상승할 때는 습윤단열감률에 따라 기온이 낮아진다.**

그리고 특정 고도까지 상승해 결로, 구름을 발생시켜서 비를 내리게 한 뒤, 정상을 넘어 산의 풍하측 사면을 따라 하강한다. 비를 뿌린 공기는 건조해진 상태이므로 하강할 때는 **건조단열감률에 따라 온도가 점점 상승한다.**

습윤단열감률은 100m당 약 0.5℃, 건조단열감률은 100m당 약 1℃이므로 하강한 공기는 상승하기 전보다 온도가 높아진 셈이다. 예를 들어 남쪽 해상에서 불어온 바람(공기)의 온도가 20℃였다고 가정해보자. 이 공기가

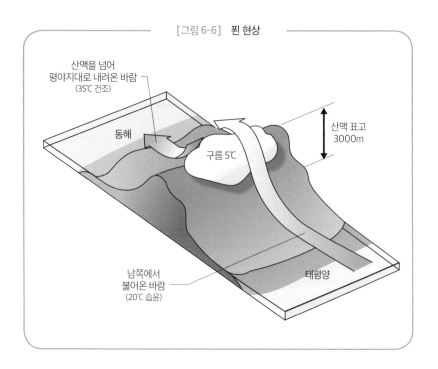

[그림 6-6] **푄 현상**

산맥을 넘어
평야지대로 내려온 바람
(35℃ 건조)

동해

구름 5℃

산맥 표고
3000m

남쪽에서
불어온 바람
(20℃ 습윤)

태평양

3,000m의 산 정상에 도달하면 5℃까지 떨어지고, 이어서 평야까지 내려오면 35℃로 변해 있다.

남쪽 태평양 해상에서 강한 바람이 북쪽을 향해 불고 있을 때면 간혹 일본의 호쿠리쿠 지방과 같은 동해 방면에서는 푄 현상 때문에 여름이 아니더라도 30℃가 넘는 고온이 발생하는 경우가 있다.

기온과 비행기

이착륙 성능에 영향을 미친다

기온은 비행기의 운항에 큰 영향을 끼친다. 기온이 높으면 공기의 밀도가 낮아지므로 같은 속도라 해도 양력이 줄어들고 만다. 표준기압에서 온도가 0℃일 때 공기 밀도는 1.2922kg/m³지만 35℃일 때는 1.1454kg/m³로 변한다. 비율로 따지면 88.6%로 낮아지는 셈이다. 이 차이는 양력에 큰 영향을 준다. 주날개가 만들어내는 양력뿐 아니라 프로펠러 역시 전방을 향하는 양력을 만들어내므로 이 또한 낮아진다.

그 결과 비행기의 상승 성능이나 이륙 성능이 달라진다. 예를 들어 단발 프로펠러기인 세스나 172기의 경우는 다음과 같다(수치는 세스나 172기의 취급 매뉴얼에 기재된 성능 표시에 따른 것이다).

이륙 중량 2,400파운드(플랩 10°)일 때 해수면상의 고도에서, 온도 0℃일 경우 그라운드 롤(이륙을 위해 지상에서 가속하며 달리는 거리)은 795피트

(243m), 이륙 거리(떠올라서 고도 50피트에 도달하기까지의 수평 거리)는 1,460 피트(445m)다. 그런데 온도가 40℃까지 올라가면 같은 조건에서 그라운드 롤은 1,065피트(324m), 이륙 거리는 1,945피트(593m)까지 늘어난다.

상승률은 마찬가지로 이륙 중량 2,400파운드, 해수면 위라는 조건에서 0℃일 경우는 745피트 매분(227m 매분), 40℃에서는 625피트 매분(191m 매분)이 된다.

이처럼 온도는 비행기의 성능에 큰 영향을 미친다. 실제로 비행해보면 여름에는 이륙 활주를 시작하더라도 속도가 잘 붙지 않으며 떠오른 뒤에도 상승률이 나쁨을 실감할 수 있다. 같은 장소일 경우 겨울이면 1,000피트 이상 도달하는 데 비해 여름은 1,000피트에 미치지 않는 느낌이다.

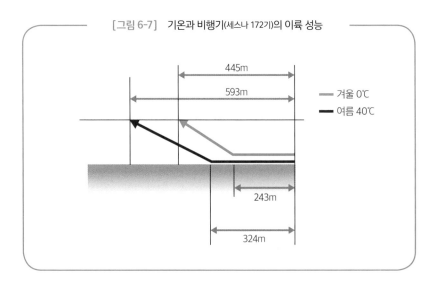

[그림 6-7] 기온과 비행기(세스나 172기)의 이륙 성능

445m
593m
━━ 겨울 0℃
━━ 여름 40℃
243m
324m

헤이즈 톱과 강풍

조종사에게 바람 못지않은 강적은 바로 시정(수평 방향으로 보이는 거리)이다. 비행기의 시정이 나쁘면 이착륙이 불가능해지고, 비행 시정(비행 중에 보이는 수평 거리)이 나쁘면 유시계 비행 방식(VFR)으로는 비행이 불가능해진다. VFR 조종사에게 시정 악화는 심각한 문제다. 반면 계기 비행 방식(IFR)은 시정이 좋지 않더라도 비행이 가능하다.

시정장애를 초래하는 기상현상으로는 헤이즈(연무), 미스트(박무, 옅은 안개), 모래먼지 등이 있다.

헤이즈는 바람은 조금 약한 편이며 상공에 역전층이 형성되어 있을 때 발생한다. 역전층 밑에는 박무가 끼어 있으므로 비행기가 상공으로 올라가면 특정 고도에서는 푸른 하늘이 돌아온다. 헤이즈의 최대 고도를 헤이즈 톱이라고 하는데, 이 헤이즈 톱은 위에서 보면 평평한 뚜껑처럼 보인다. 저 헤이즈 밑에 깔린 더러운 공기를 마신다고 생각해보면 살짝 소름이 끼칠 지경이다.

모래먼지의 경우는 더 심각하다. 모래먼지가 존재한다는 것은 바람이 강하다는 뜻이므로 시정이 나쁜 것은 물론 난기류나 강한 횡풍까지 불어오기도 한다.

바람이 강한 날에 상공에서 지상을 내려다보면 곳곳에 띠처럼 생긴 노란 흐름이 보일 때가 있다. 강풍에 지상의 모래가 말려 올라가는 광경이다.

제 7 장

구름과 비

구름과 비는 대표적인 기상의 변화다. 하늘에는 다양한 형태의 구름이 떠 있다. 구름을 보면 상공의 대기가 어떤 상태인지를 알 수 있다. 구름은 지상으로부터의 높이·두께·퍼지는 형태 등이 저마다 다르다. 한편 비는 구름 속의 구름 입자에서 생겨난다. 이 입자들이 서로 엉겨 붙으면서 점차 성장해 빗방울로 변하고, 더는 상승기류에 떠다닐 수 없을 정도로 무거워지면 지상으로 떨어진다.

다양한 형태의 구름

10종 운형

구름의 분류

하늘에는 다양한 형태의 구름이 떠 있다. 구름을 보면 상공의 대기가 어떤 상태인지를 알 수 있다. 구름은 하늘의 메신저라 해도 과언이 아니다. 구름은 지상으로부터의 높이·두께·퍼지는 형태 등이 저마다 다르다. 따라서 구름을 크게 10종류로 분류한다. 이를 10종 운형이라고 한다. 대부분의 구름은 이들 중 하나로 분류된다.

또한 출현하는 고도에 따라 분류하기도 한다. 성층권에 출현하는 진주운이나 중간권에 출현하는 야광운 등의 특수한 구름을 제외하면 대부분의 구름은 공기가 왕성하게 이동하는 대류권에 나타난다. **대류권의 구름은 고도에 따라 상층·중층·하층으로 나뉜다.** 또한 적운이나 적란운 등 대류에 따라 **수직으로 발달하는 구름은 대류운**이라는 그룹으로 분류된다.

높이에 따라 분류할 경우 **상층운은 고도 6,000m 이상, 중층운은 2,000 ~6,000m, 하층운은 2,000m 이하**를 말한다(대략적인 수치로). 중층운으로 분류되는 적란운과 하층운으로 분류되는 층운 중에서는 지표 부근까지 구름 밑면이 내려와 있는 경우도 있다.

이를 정리한 것이 〈그림 7-1〉이다. 상층운으로는 권운·권적운·권층운이 있다. 중층운으로는 고적운·고층운·난층운(하층부터 중층에 걸쳐 확산된다)이, 하층운으로는 층적운·층운이 있다.

각 구름들의 특징에 대해 고도가 낮은 구름부터 순서대로 설명하겠다.

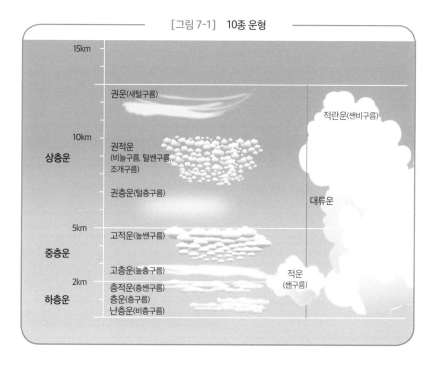

[그림 7-1]　10종 운형

• 층운(Stratus, 약호 St)

지상과 가까운 낮은 고도에서 옆으로 퍼진 층 형태로 발생하는 구름이다. 안개와 발생 원리가 동일하다. 차가운 수면이나 지면 위에 따뜻하고 습한 공기

층운

가 흘러들면 이것이 결로되어 층운을 형성한다. 약한 비가 내릴 때나 비가 그친 산골짜기에 층운이 형성되는 경우도 있다. 또한 새벽에 복사냉각(열복사로 지표가 열을 잃으며 온도가 내려가는 현상-옮긴이)을 통해 생겨난 층운이 골짜기나 분지에 고이기도 한다. 이를 운해(雲海)라고 부른다. 일본에는 히로시마현의 미요시시(市)처럼 운해로 유명한 곳이 많다. 일본은 전체적으로 습도가 높으며 산, 골짜기, 분지가 많기 때문에 곳곳에서 운해를 볼 수 있다. 층운은 아침저녁으로 자주 발생하고, 해가 떠서 기온이 올라가면 점차 사라진다.

• 층적운(Stratocumulus, 약호 Sc)

하층에서 옆으로 넓게 퍼진 적운 형태의 구름이다. 하층에 습하고 차가운 공기가 흘러들 때 자주 발생한다. 일본의 간토 지방에서는 북동쪽 방면으로부터

층적운

제 7 장 구름과 비

태평양을 건너온 차갑고 습윤한 공기가 유입되면 고도 1,000~1,500m 부근에 층적운이 형성된다. 이 구름은 역전층을 동반하기 때문에 가로 방향으로 퍼져나간다. 비를 뿌리는 경우는 별로 없지만 하늘을 온통 뒤덮기 때문에 하늘은 짙은 회색으로 흐려진다.

• 난층운(Nimbostratus, 약호 Ns)

지표 부근에서 높이 약 2,000m 까지의 높이에 생겨나는 구름이다. 비층구름이라고도 불리며, 쏴아, 하고 쏟아지는 소나기가 아닌 후둑후둑 떨어지는 일반적

난층운

인 비를 뿌린다. 저기압의 중심부나 전선 근처에서 발생하며, 적운 계열의 구름에서 내리는 소나기와 달리 광범위하게 비를 뿌린다. 이 구름은 고도가 낮은 지표 근처에서부터 존재하므로 비행장 주변에 발생하면 시정장애를 일으켜 항공기의 이착륙에 영향을 끼친다.

• 고층운(Altostratus, 약호 As)

고도 2,000~7,000m 정도에서 생겨나는 구름으로, 수평 방향으로 넓게 퍼지며 온 하늘을 뒤덮을 정도로 발전하기도 한다.

고층운

태양이 보이기는 하지만 윤곽이 뚜렷하지 않고 흐릿하게 보인다. 달 역시 으스름달의 형태로 나타난다. 저기압이나 전선 부근에서 수증기를 머금은 공기가 상공으로 유입되었을 때 형성된다. 구름의 입자는 과냉각 물방울과 일부 얼음 결정으로 이루어져 있다. 과냉각수란 0℃에 도달했음에도 얼음이 되지 않는 물을 가리킨다.

· 고적운(Altocumulus, 약호 Ac)

높은 하늘에 하얀 구름 덩어리가 줄줄이 이어져 있는 구름으로, 높쌘구름이라고도 불린다. 고도 약 2,000~7,000m 사이에서 발생한다. 고층운과 마찬가지로 과냉각 물방울, 그리고 고도가 높은 곳에서는 얼음 결정으로 이루어져 있다. 차가운 공기가 있는 곳에 수증기가 많고 따뜻한 공기가 흘러들면서 생겨난다. 무리를 이룬 양떼처럼 보이는 이유는 기류의 흐름이 파형을 이루기 때문이다. 물결치는 기류는 정점에서는 결로되어 구

고적운

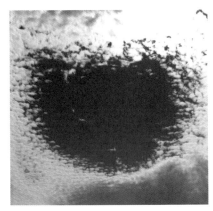

구멍이 뚫린 고적운
부분적으로 따뜻한 공기가 유입되어 얼음 결정이
일부 사라지면서 생겨난 구멍

제 7 장 구름과 비

름을 형성하지만 내려가는 부분에서는 기온이 올라가 결로되지 않기 때문에 물결 형태의 구름이 줄줄이 이어지게 된다. 태양이 구름에 비쳐 보인다는 사실에서도 알 수 있듯이 두께가 얇은 구름이다.

• 권층운(Cirrostratus, 약호 Cs)

권층운

고도 5,000~1만 m 부근에서 나타나는 얼음 결정으로 이루어진 얇은 층 형태의 구름이다. 햇빛이나 달빛이 통과할 때 굴절되어 주변에 무리가 낄 때가 있다. 무리란 해나 달에서 조금 떨어진 곳에서 빛나는 고리를 가리킨다. 미세한 얼음이 프리즘처럼 작용해 빛을 굴절시키면서 생겨난다. 일곱 빛깔 무지개를 보여주는 빗방울과 달리 얼음 결정은 기류가 흐트러져 있어 방향이 불규칙하기 때문에 통과한 빛은 여러 방향으로 산란하므로 무지개처럼 보이는 경우는 드물다.

이 구름은 저기압이 접근할 때 형성된다. 권층운이 나타나면 날씨는 내리막을 향한다.

• 권적운(Cirrocumulus, 약호 Cc)

고도 5,000~1만 m 부근에서 나타나는 얼음 결정으로 이루어진 구름으로, 작고 하얀 구름이 규칙적으로 늘어서 있다. 비늘구름이나 조개구름이라고 불리기도 한다. 고적운(높쌘구름)과 마찬가지로 상공의 하늘이 물결치는 모습을 뚜렷하게 확인할 수 있다.

권적운

· **권운**(Cirrus, 약호 Ci)

권적운과 동일하거나 그보다 조금 높은 하늘에 나타나는 구름으로, 대류권 구름 중에서는 가장 높은 고도에 나타난다. 마치 붓으로 훑어놓은 듯한 그림 같은 구름으로, 작은 얼음 결정으로 이루어져 있다. 두께가 얇아 햇빛을 통과 · 산란시키기 때문에 아름다운 흰색을 띤다. 끝부분이 말려 올라가는 것처럼 보이는 경우가 많은데, 이는 크기가 커진 얼음 결정의 일부가 낙하하기 때문으로, 고도의 차이에 따라 풍속이 달라지는 현상이 원인이다.

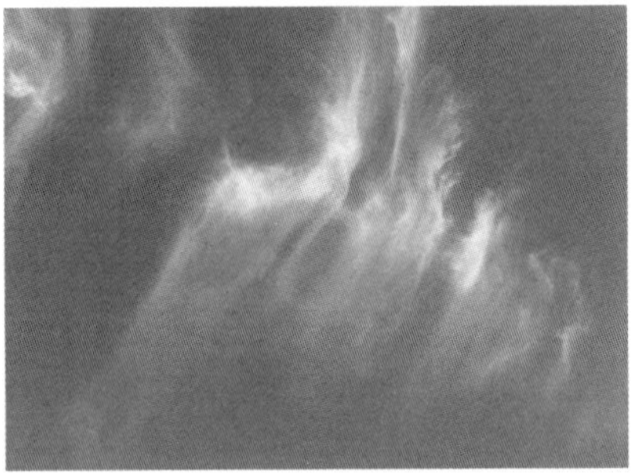

권운

· **적운**(Cumulus, 약호 Cu)

적운과 적란운은 대류운으로 분류되는 구름이다. 햇볕 등에

적운

따뜻해진 지상 부근의 공기가 가벼워져서 상승함에 따라 발생한다. 높이 500~2,000m 부근에서 생겨나는 하얀 솜사탕 같은 구름으로, 여러 개가 줄줄이 이어진 것처럼 무리를 이루어 떠 있는 경우가 많다.

・**적란운(Cumulonimbus, 약호 Cb)**
발달한 적운 중 권계면 부근까지 도달한 구름이 바로 적란운이다. 적란운이 되기 전인 발달한 적운은 웅대적운이라고 불린다. 웅대적운 중에서도 가느다란 탑처럼 위로 향해 뻗은 구름을 탑상적운이라고 한다.

적란운

웅대적운이나 탑상적운의 내부 역시 적란운과 마찬가지로 기류가 크게 흐트러져 있어 무척 불안정하다. 따라서 항공기는

모루구름

내부에서 극심한 기상요란이 발생하는 이들 구름을 피해서 비행한다.

적란운은 대기의 상태가 불안정할 때 수증기를 가득 머금은 공기가 상승하면서 발생한다. 대류권계면까지 상승한 상승기류는 권계면에 도달하면 그 위로는 올라가지 못한 채 옆으로 흘러 모루구름을 만들어낸다. 무더운 여름날에는 모루구름을 동반한 적란운을 자주 볼 수 있다.

적란운 바로 근처에 있더라도 지상에서는 아래쪽 구름에 가려져서 모루구름을 보기 어려운데, 멀리 떨어져서 보면 웅장한 모루구름의 모습을 확인할 수 있다.

구름은 어떻게 생겨날까

포화수증기압·습수·상승기류

구름은 어떻게 생겨나는 걸까. 구름의 바탕이 되는 물질은 공기 중의 수증기다. **공기는 상승함에 따라 단열냉각으로 온도가 낮아지고, 포화수증기량에 도달하면 결로되어 공기 중에 포함되어 있던 수증기(기체)가 물방울(액체)로 변한다.**

지표면의 공기가 상승할 때, 아직 포화되지 않은 경우는 건조단열선을 따라서 온도가 낮아진다. 온도가 낮아지면 특정 고도에서 포화수증기량에 도달해 응결되어 구름을 형성한다. 이 고도를 치올림 응결고도라고 한다. 이 높이가 바로 운저고도(운저는 구름의 가장 밑면을 말한다-옮긴이)다.

이 고도에 도달하면 그 뒤로는 습윤단열선을 따라 상승하기 시작한다. 그리고 특정 고도에서 상태곡선(해당 고도에서의 실제 대기 온도)과 교차한다. 이 지점을 자유대류고도라고 부른다. 상승한 공기의 온도가 상태곡선보다도 높으면 자유대류고도에 도달한 뒤로도 계속해서 상승하고, 상태곡선보

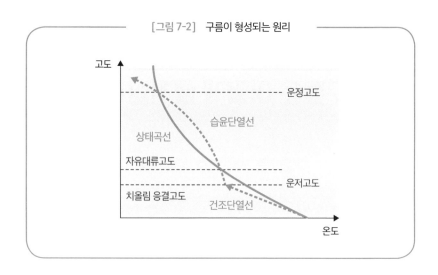

[그림 7-2] **구름이 형성되는 원리**

고도

운정고도

습윤단열선

상태곡선

자유대류고도

운저고도

치올림 응결고도

건조단열선

온도

다 온도가 낮아지면 비로소 대류가 멈춘다. 이것이 운정고도(운정은 구름의 꼭대기를 말한다–옮긴이)다.

수증기가 포화되면 물로 이루어진 작은 구름 입자가 형성된다. **구름 입자의 크기는 0.001mm에서 0.01mm다. 구름 안에는 1cm³당 100~300개의 구름 입자가 존재한다.** 또한 구름 입자가 형성되려면 응결핵이 필요하다. 이는 크기가 1만 분의 1mm(0.1μm) 정도의 에어로졸(공기 중에 떠다니는 작은 고체 및 액체 입자들을 가리킨다–옮긴이)로, 주로 바다에서 떠오른 소금이나 산불·화산 분화로 인한 작은 연기 입자다. 응결핵이 없으면 포화수증기량에 도달하더라도 물이 얼음이 되지 못한 채 과냉각수 상태로 남는 경우가 있다. 때로는 영하 40℃ 정도까지 물의 상태로 존재하기도 한다.

운저고도를 알아보자

지상에서 하늘을 올려다보며 구름의 운저고도를 추정하기란 즐거운 일이다. 처음에는 좀처럼 가늠하기 어렵지만 익숙해지면 5,000피트 정도까지의 낮은 구름일 경우 대략 500피트(150m) 단위로 높이를 추정할 수 있게 된다. 실제로 비행기를 몰고 비행해보면 지상에서 추정한 고도와 실제 상공에서 보았을 때의 차이를 알게 되므로 비행 경험을 쌓을 때마다 점점 정확한 운저고도를 측정할 수 있게 된다.

운저고도를 알아내는 한 가지 기준을 소개해보겠다. **습수(기온과 이슬점온도의 차이)에 4를 곱하면 100피트(30m) 단위로 대류운의 운저고도의 기준점을 구할 수 있다.** 습수가 3℃라면 1,200피트(370m), 6℃라면 2,400피트(730m)인 셈이다. 경험상 제법 잘 맞는다.

고기압 후면의 구름

중층·상층의 높은 하늘에 구름이 나타나는 원인은 지상에서의 대류가 전부는 아니다. 높은 곳에 출현하는 구름은 주로 수증기를 포함한 공기가 수평 방향에서 이류해 오면서 발생한다. 예를 들어 청명한 날씨를 불러온 고기압의 후면, 다시 말해 진행 방향의 후미에 해당하는 일본 열도에서는 남쪽에서 올라온 습하고 따뜻한 공기가 고기압 서쪽으로 유입되기 때문에 고층운을 비롯한 구름이 발생한다. 한동안 맑은 날씨가 이어지다 높은 하늘에 옅은 구름이 걸렸다면 슬슬 고기압 후면에 접어들었음을 알 수 있다.

산악파에 따른 구름

높은 산이 늘어선 산맥의 풍하측에는 특징적인 구름이 형성된다. 산맥에 강한 바람이 충돌하면 산꼭대기 부근의 지형에 따라 풍하측의 기류가 크게 흐트러지는 경우가 있다. 이 흐트러진 기류를 산악파라고 부른다. 크게 위아래로 물결치는 산악파는 상승기류와 하강기류가 교대로 이어지는 상태이기 때문에 산악 풍하측에는 독특한 형태의 구름이 생겨난다. 또한 **산악파는 정체파**(파형에서 마루나 골이 진행되지 않고 같은 장소에 머무르는 파장)인 경우가 많으므로 한번 생겨난 구름은 한자리에 계속 머무른다.

강한 바람이 산의 경사면에 부딪히면 공기는 물리적으로 상승해 단열냉각에 따라 온도가 낮아지고, 무거워진 공기는 산 정상을 넘어 경사면을 따라서 하강한 후, 이번에는 단열압축을 통해 온도가 상승한다. 따뜻해진 공기는 가볍기 때문에 다시 상승하고, 식으면 하강하는데, 이 운동을 되풀이하면서 상하의 파동이 형성된다.

산악파에 따른 구름으로는 렌즈구름·롤구름·회전운 등이 있다. 렌즈구름은 밀도가 높아 회백색으로 보이는 구름으로, 렌즈처럼

렌즈구름

롤구름

생겼기 때문에 렌즈구름이라고
불린다. 렌즈구름은 산악파 안에
여러 겹으로 겹쳐진 모습으로 나
타나는 경우가 많다. 회전운 역시
산악파의 풍하측에 생겨나는 구
름으로 렌즈구름의 일종이다.

삿갓구름

롤구름은 마치 롤케이크처럼 생긴 여러 개의 구름이 바람의 흐름에 직각
으로 늘어선 모습이다. 일본에서는 대규모 롤구름을 찾아보기 어렵지만 해
외에서는 거대한 롤구름을 볼 수 있다.

후지산과 같은 독립봉의 정상 부근에서 상공의 바람이 강하고 수증기량
이 적당할 때는 산 정상에 삿갓구름이라는 독특한 형태의 구름이 나타나
기도 한다. 이와 같은 구름은 산 정상 부근에 기온의 역전층이 존재할 때
형성되기 쉽다고 한다.

산악파는 50노트(25m/s) 이상의 바람이 산맥에 충돌할 때 특히 불안정
해지며 항공기의 운항에 큰 영향을 끼친다. 강한 파동이 지닌 에너지가 격
렬한 난기류를 형성한다. 특히 수증기의 양이 적을 때는 구름을 생성하지
않으므로 난기류를 육안으로 예측하기도 어렵다.

풍속이 강할 때는 꽤나 높은 상공까지 영향을 미칠 정도로 산악파의 영
향은 강력하기 때문에 산악 위를 비행하는 항공기는 정상에서 1,500m
(5,000피트) 이상 멀리 떨어지기를 추천한다. 또한 풍하측으로 100km에 걸
쳐 난기류가 형성되어 있는 경우도 있다.

산악파에 따른 난기류 때문에 추락한 항공기도 있다. 제법 오래된 사례지만 1966년 3월 5일, 영국해외항공(BOAC)의 보잉 707 여객기가 일본의 고텐바시 상공 1만 5,000피트(약 4,600m)에서 산악파의 난기류와 맞닥뜨려 구조 한계를 초과하는 하중(G)이 걸리며 공중에서 분해, 추락했다. 후지산 정상에서 추락 지점까지의 거리는 동쪽(풍하측)으로 약 10km였다. 가장 위험한 장소를 통과하고 만 셈이다.

비행 중에 구름과의 거리는 어떻게 판단할까

유시계 방식으로 비행할 때는 구름과 거리를 두고 비행해야만 한다. 구름과의 거리는 항공법으로 정해져 있다. 예를 들어 3,000m보다 낮은 고도에서 비행할 경우 구름과의 수평 거리는 600m 이상이어야 하고 위로는 150m, 아래로는 300m 이내에 구름이 없어야 한다.

하지만 실제로는 윤곽이 뚜렷한 구름보다 뚜렷하지 않은 구름이 더 많기 때문에 정확하게 판단하기란 좀처럼 쉽지 않다. 거리감이 충분하지 않아 '시야가 영 좋지 않은데'라고 생각하는 사이에 이미 구름 안으로 들어오고 마는 경우가 있다.

구름 안으로 들어왔을 때 가장 큰 문제는 기체의 자세를 알 수 없게 된다는 점이다. 일반적인 유시계 비행 방식에서는 지평선을 기준으로 자세를 파악하는데, 이를 확인할 수 없게 된다면 순식간에 자세가 흐트러지고 만다. 또한 구름 안은 난기류가 강한 경우도 있으며 겨울철에는 아이싱(착빙)의 가능성까지 생긴다.

유시계 방식으로 비행하는 조종사는 구름 안에 들어오고 말았다면 당장 계기판으로 눈을 돌려서 자세와 고도·진로를 수정하고 방향을 체크한 후 180° 반대 방향으로 비행해 본래 위치까지 돌아가야 한다.

이런 상황에서 산악부의 골짜기 등 낮은 고도에서 비행하고 있다면 산과 격돌하게 되고 만다.

결론적으로 구름은 윤곽이 뚜렷하지 않은 경우가 많고 거리감이 확실하지 않으므로 처음부터 충분히 떨어져서 비행하는 것이 상책이다.

가장 역동적이며 매력적인 적란운

난기류의 과학

적란운은 지면과 가까운 운 저부터 대류권계면 부근의 운 정고도까지 소용돌이처럼 대 류가 이어지며 번개를 동반한 심각한 기상요란을 초래하는 구름이다.

대기의 상태가 불안정한 경 우, 공기는 계속해서 상승한다. 그리고 공기 중에 수증기가 많 으면 적란운으로 발달한다.

대기의 상태가 불안정하거

적란운

나 조건부 불안정할 때(상태곡선이 습윤단열선이나 건조단열선보다 왼쪽으로 '누워 있을' 경우), 공기는 계속해서 상승한다. 〈그림 7-2〉 '구름이 형성되는 원리'를 살펴보기를 바란다.

지상의 공기가 끌어올려진 경우, 처음에는 건조단열선을 따라 온도가 낮아지고, 치올림 응결고도에서 포화되면 이후로는 습윤단열선을 따라 기온이 낮아진다. 자유대류고도보다 높은 곳에서는 상승한 공기의 온도가 본래 그곳에 있던 공기(상태곡선)보다 높아지면서 상승을 이어나간다. 그러다 상승한 공기의 온도가 주변 공기와 같아지는 지점에서 대류가 멈춘다. 이 고도가 높을수록 공기는 높은 곳까지 상승해 거대한 적란운을 형성한다.

이처럼 적운이 적란운으로 발달할 때는 하층의 공기가 끌어올려져야 하며, 대기의 상태 역시 불안정해야 한다. 공기가 끌어올려지는 경우는 다음과 같다. ① 햇볕에 지면 부근이 따뜻해지면서 온도가 높아지는 경우, ② 산의 경사면을 향해 불어온 습한 바람이 물리적으로 상승하는 경우, ③ 전선면을 따라서 습윤한 난기류가 상승하는 경우.

그렇다면 적란운 안에서는 대체 어떤 일이 벌어지고 있을까. 시간에 따라 발생기·발달기·전성기·쇠약기로 나누어서 그 변화를 살펴보자.

발생기

발생기는 대기가 불안정한 상태에서 시작된다. 불안정한 상태란 지상과 상공의 온도차가 크고 지상 부근에서 수증기가 왕성하게 공급될 때를 말한다. 예를 들어 지상의 온도가 30℃이고 후지산 정상인 3,776m의 기온이

5℃라면 둘의 차이는 25℃로, 표준적인 기온 체감률과 동일하기 때문에 대기의 상태는 안정적이라고 볼 수 있다. 그런데 후지산 정상의 실제 기온이 5℃보다 낮다면 후지산 정상까지 상승한 공기는 이미 그 자리에 있던 공기보다도 따뜻하고 가벼우므로 계속해서 위로 올라간다. 습윤한 공기가 상승하면 구름을 형성하게 된다.

발달기

습윤한 공기가 상승하면 처음에는 적운을 만들어내고, 계속 상승하면서 웅대적운, 그리고 적란운을 형성한다.

적란운의 발달 단계에서는 활발한 대류운이 존재하므로 내부에서는 격렬한 상승기류가 발생하기 시작한다. 발달 중인 적란운은 눈 깜짝할 사이에 쑥쑥 자라나는데, 이를 통해 상승기류가 얼마나 강한지를 알 수 있다. 상승기류의 속도는 15m/s(54km/h)가 넘는다고 한다. 비행기의 상승률로 환산하면 3,000피트 매분. 이는 제트여객기의 일반적인 상승률을 넘어서는 속도다.

발달하는 적운 안에서는 포화수증기량에 도달하면 물방울이 생겨난다. 이 물방울이 비를 이루게 되나, 아직은 상승기류를 타고 계속해서 떠오르는 단계이므로 낙하하지 않는다. 0℃ 이하로 떨어지더라도 그대로 액체 상태를 유지하는 과냉각수 상태가 되기도 한다. 계속해서 상공으로 올라감에 따라 물방울의 일부는 얼음으로 변해 물방울과 얼음 결정이 섞인 형태가 되고, 이윽고 작은 얼음 입자를 이룬다.

전성기

전성기를 맞이하면 얼음 결정이 커지면서 상승기류의 부력만으로는 떠 있을 수 없게 되고, 중력에 이끌려 지상으로 떨어진다. 이렇게 해서 비가 내리기 시작한다. 작은 얼음 결정은 낙하하는 과정에서 과냉각수와 충돌해 얼음 입자로 변하고, 이것들은 서로 합쳐지며 더욱 커진다. 고도가 내려감에 따라 기온은 상승하므로 얼음은 녹아서 굵고 거센 비로 변해 떨어진다. 구름 속의 얼음 입자가 다 녹지 못한 채 지상으로 떨어진 것이 바로 우박이다.

낙하하는 얼음이나 굵은 빗방울은 주변의 공기를 끌어당겨서 강한 하강

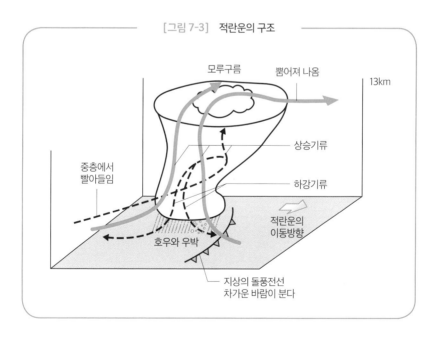

[그림 7-3] 적란운의 구조

모루구름
뿜어져 나옴
13km
상승기류
중층에서 빨아들임
하강기류
적란운의 이동방향
호우와 우박
지상의 돌풍전선 차가운 바람이 분다

기류를 만들어낸다. 하강기류의 속도는 초속 13노트를 넘기도 한다. 한편으로 상승기류 역시 초속 30노트가 넘는 경우가 있는데, 전성기를 맞이한 적란운의 내부는 마치 하강기류와 상승기류가 한집에서 뒤엉켜 사는 듯한 상황이라 할 수 있다.

하강기류는 지면과 충돌해 옆으로 퍼져 돌풍전선을 형성하고 적란운은 중층 부근에서도 주변의 공기를 빨아들여 하강기류를 만들어내는데, 일부는 상승기류를 타고 상승해 상층 부근에서 밖으로 빠져나간다. 대류권계면에 도달한 뒤로는 옆으로 퍼져나가며 모루구름을 형성한다.

또한 적란운은 여러 개의 적란운이 무리를 이루는 멀티셀로 발달하거나 단독으로 거대한 슈퍼셀을 만들어내는 경우가 있다. 적란운은 회오리바람

[그림 7-4] 적란운의 발달부터 쇠약까지

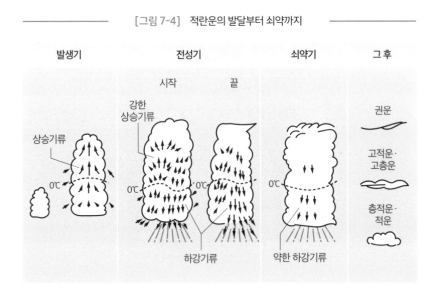

제7장 구름과 비

을 일으키기도 한다.

쇠약기

내부에 하강기류만 남은 적란운은 점점 쇠약해지다 이윽고 사라져간다. 적란운의 수명은 수 시간, 전성기는 30분 정도라고 한다. 적란운의 지름은 수 km에서 10km로, 상공의 바람을 타고 이동한다.

뇌운과 낙뢰

적란운은 발전기다?

적란운은 뇌운이라는 별명으로도 불리듯 번개를 발생시키는 구름이기도 하다. 번개의 대부분은 적란운 또는 발달한 적운 내부에서 일어난다.

전성기를 맞이한 적란운 내부에서는 강한 상승기류와 하강기류가 소용돌이치고 있는데, 구름 속의 얼음이나 빗물의 입자가 격렬하게 뒤섞이면서 마찰을 일으켜 정전기가 발생한다. 통상적으로 **운저 부분이 음전기, 운정 부분이 양전기**를 띤다. 이는 얼음 입자는 양전기를 띠기 쉽고 빗방울은 음전기를 띠기 쉬운데, 온도가 낮은 운정 부근에는 얼음 입자가, 구름 아래쪽에는 물방울이 모이기 때문이다.

적란운 내부에서는 계속해서 대전(어떤 물체가 전기를 띠는 현상-옮긴이)이 진행되어 양전기와 음전기의 전위차가 커져간다. 이에 호응해 구름 밑의 지표는 양전기를 띠게 되고, 지상과 구름 사이의 전위차가 커지면 방전 현상

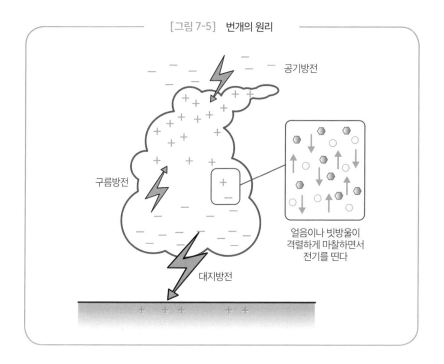

[그림 7-5] 번개의 원리

공기방전

구름방전

얼음이나 빗방울이
격렬하게 마찰하면서
전기를 띤다

대지방전

이 일어난다. 이것이 바로 번개다.

공기는 전기가 통하지 않는 절연체지만 전위차가 커져서 일정 수치를 넘어서면 절연 상태가 깨져버린다. 뇌방전은 순식간에 발생하는 것처럼 보이지만 프레임 단위로 끊어서 보면 번개가 조금씩 나아가고 있음을 알 수 있다. 뇌방전은 공기 중에서 전기가 흐르기 쉬운 부분을 골라 지그재그로 나아가기 때문이다. 이를 선도 낙뢰라고 부른다. 선도 낙뢰가 지상에 도달하기 직전에 지상에서 번개로 향하는 방전(트리거 방전)이 시작되고, 이를 신호로 단숨에 방전이 시작되며 전위차가 중화된다.

어째서 번개가 칠 때면 우르릉, 하는 소리가 나는 걸까. 방전이 지그재그로 나아갈 때 주변의 공기는 플라스마(기체 상태의 물질이 가열되어 이온과 전자 등으로 분리된 상태-옮긴이)로 변하고, 여기서 생겨난 엄청난 열에 의해 순식간에 팽창하면서 충격파를 발생시키기 때문이다.

뇌운은 운정이 대류권계면까지 도달하는 적란운이지만 겨울의 뇌운은 키가 작고 운정 부근의 고도에서도 번개를 일으킨다. 겨울철의 뇌운은 운정고도가 약 6,000m 이하로 낮다는 특징이 있다. 겨울철의 번개는 오래 이어지지 않고 한 번의 강력한 방전으로 나타나는 경우가 많기 때문에 일본에서는 '한 발의 번개'라는 뜻에서 '잇파쓰카미나리(一発雷)'라고 부른다. 여름철의 번개는 지상에서 발생하는 트리거 방전은 있어도 최종적으로는 구름에서 지면을 향해 방전하지만 겨울의 번개는 밑에서 위를 향해 방전하는 경우가 많다는 점이 특징이다. 또한 방전하기 위한 에너지를 모았다가 한 번에 방출하기 때문에 **겨울의 번개는 여름의 번개보다 100배가 넘는 에너지를 지니고 있어 낙뢰의 피해가 크다.**

일본의 호쿠리쿠 지방에서는 겨울철 번개를 부리오코시(鰤起し)라고 하는데, 이 번개가 치면 방어(일본어로는 부리-옮긴이)가 많이 잡힌다는 말이 전해지기 때문이다.

번개는 계뢰와 열뢰로 분류된다. **계뢰는 서로 다른 공기 덩어리의 경계면에서 발생하는 번개로, 전선면에서 성질이 다른 두 공기가 충돌하고 상승해서 형성되는 적란운에 따라 생겨난다. 열뢰는 한여름의 강한 햇볕 때문에 적란운이 생겨나면서 발생하는 번개를 말한다.** 여름의 도심지에서 발생하는 국지적 집중 호우를 동반한 번개는 열뢰다.

항공기에 낙뢰는 심각한 문제다. 앞서 언급했듯 호쿠리쿠 지방은 겨울철 번개가 잦고 운정고도도 낮으므로 비행장에 진입하기 위해 고도를 낮출 때 기체에 번개가 떨어지는 경우가 있는데, 기상 레이더가 수납된 레이돔이라 불리는 기수 부분의 유리섬유 커버에 구멍이 뚫리거나 동체의 금속 외피가 파손되는 경우가 있다. 하지만 비행기에는 대전된 전기를 공기 중으로 방출하는 방출기가 있으므로 대부분은 심각한 사태에 이르지 않는다. 보잉 787기처럼 전기가 잘 통하지 않는 탄소섬유 강화 복합재를 많이 사용한 기체는 낙뢰와 대전된 전기를 피하기 위해 표면에 전도성이 있는 얇은 금속망을 붙이기도 한다.

비의 종류

안개비부터
게릴라성 호우·집중 호우까지

빗방울의 낙하 속도

비는 구름 속의 구름 입자에서 생겨난다. 이 입자들이 서로 엉겨 붙으면서 점차 성장해 빗방울로 변하고, 더는 상승기류에 떠다닐 수 없을 정도로 무거워지면 지상으로 떨어지기 시작한다. 빗방울의 크기는 0.1~6mm 정도로, 형태는 삽화 등에서 자주 묘사하는 물방울 형태가 아니라 밑바닥이 평평한 구체다. 이는 낙하하면서 공기의 저항을 받아 바닥 부분이 짓눌리기 때문이다. **낙하 속도는 지름 1mm의 경우 23km/h(6.5m/s)라고 한다.**

차가운 비와 따뜻한 비

비는 차가운 비와 따뜻한 비로 분류된다.

온도가 어는점 밑으로 내려갈 정도로 높은 고도까지 발달한 구름 안에

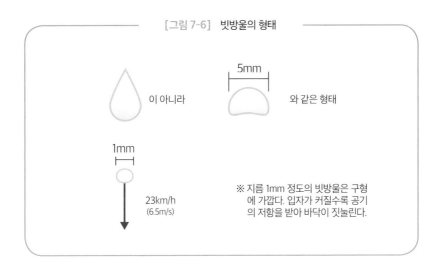

[그림 7-6] 빗방울의 형태

5mm

이 아니라

와 같은 형태

1mm

23km/h
(6.5m/s)

※ 지름 1mm 정도의 빗방울은 구형
에 가깝다. 입자가 커질수록 공기
의 저항을 받아 바닥이 짓눌린다.

서는 빗방울이 얼음 결정으로 변화하는데, 차가운 비는 이 결정이 주변의 얼음 결정과 합쳐져 커지면서 떨어지는 비를 가리킨다. 얼음 결정은 기온이 0℃ 이상인 고도에 도달하면 빗방울로 변해 지상으로 떨어진다. 한차례 차가운 얼음으로 변한 뒤 비가 되어 떨어지므로 차가운 비라고 부른다.

따뜻한 비는 온도가 낮은 구름 속에서 얼음이 되지 못한 구름 입자가 모여 생겨난 물방울이 점차 성장해 무거워지면서 떨어지는 비를 말한다. 이 비는 얼음이 되는 과정이 없으므로 따뜻하다. 열대지방에서 자주 볼 수 있으며 빗방울이 굵다는 특징이 있다.

상승 방식에 따른 분류

습윤한 공기가 상승함에 따라 비구름이 형성되어 비가 내리는데, 상승하는 방식에 따라 다음과 같이 분류되기도 한다.

대류성 비는 저기압이나 햇빛에 따른 상승기류로 인해 생겨난 구름에서 내리는 비다. **지형성 비는 수증기를 다량으로 함유한 공기가 산의 경사면 등에 부딪혀 상승하면서 내리는 비**를 말한다. **수렴성 비는 산골짜기나 두 방향에서 흘러든 기류가 충돌, 상승하면서 형성된 대류운에서 내리는 비**를 가리킨다.

비의 종류

비에는 생활 속에서 사용되는 다양한 표현이 있는데, 그 국가의 문화와 깊은 관련이 있지만 여기에서는 기상용어로서 정의된 비에 대해 설명하겠다.

우선 비가 내리는 방식으로 분류하자면 안개비 · 비 · 소나기로 나눌 수 있다. 안개비는 낮은 층운 등에서 내리는 비로, 빗방울의 지름이 0.2~0.5mm 정도다. 일반적인 비는 난층운 등에서 내리는 비로, 빗방울의 크기는 0.5~1mm 정도. 소나기는 적란운 등의 대류성 구름에서 내리는 비로, 지름 1mm 이상의 빗방울이 샤워호스처럼 세차게 내리는 비를 말한다.

또한 기상청에서 비의 세기를 나타내는 분류는 다음의 표와 같다.

[시간당 강수량]

약한 비	1mm 이상 3mm 미만
(보통) 비	3mm 이상 15mm 미만
강한 비	15mm 이상 30mm 미만
매우 강한 비	30mm 이상

제 7 장 구름과 비

집중 호우·게릴라성 호우

정식 기상용어는 아니지만 텔레비전의 일기예보나 기상정보 방송에서 자주 사용된다. **집중 호우는 좁은 영역에 단시간 동안 집중적으로 쏟아지는 강한 비**를 말한다. 장마가 끝날 무렵에 특히 많으며 하천의 범람이나 토사 붕괴를 일으킨다.

게릴라성 호우는 느닷없이 내리는 많은 비를 말한다. '게릴라'란 정글 등에 숨어 있던 적이 느닷없이 습격하는 공격법을 뜻하는데, 최근에는 자주 사용하지 않는 표현이다. 그다지 좋은 명칭 같지는 않다.

집중 호우와 게릴라성 호우의 원인은 전선의 정체나 지형성 수렴, 여름의 강한 햇살에서 비롯된 열섬현상 등이 있다.

선상강수대

최근 국지적인 집중 호우의 원인으로 선상강수대가 자주 입에 오른다. 지형에 따른 기류의 수렴 등으로 습윤한 공기가 상승하면 적란운을 형성하는데, 이 적란운이 상공의 바람에 밀려 풍하측으로 이동한다. 그러면 적란운에서 뿜어져 나오는 차가운 하강기류와 함께 새로이 수렴해 상승하는 공기가 상공의 바람과 충돌, 또다시 적란운을 발달시키는데, 선상강수대는 이처럼 한 장소에서 몇 시간 동안 적란운이 줄지어 발생하면서 강한 비가 이어지는 현상을 말한다. 선상강수대의 폭은 20~50km, 길이는 50~300km 정도라고 한다. 강수 레이더로 보면 집중 호우가 내리는 장소가 풍향을 따라 선처럼 보이기 때문에 선상강수대라고 불린다.

강수와 항공기의 운항

강수는 항공기의 운항에 어떤 영향을 미칠까. 대표적인 영향으로는 시정장애가 있다. 안개비는 물론, 거센 비 역시 시정장애를 초래한다. 또한 난층운이나 층운이 존재해 운저고도가 지표 근처까지 내려와 있을 때가 많다 보니 시정과 운저고도 중 하나의 원인 때문에 비행장이 계기 비행 기상 상태(IMC)에 놓이는 경우도 많다. 계기 비행 기상 상태란 비행장의 시정이 5km 미만, 구름이 하늘의 8분의 5 이상을 뒤덮었을 때 운저고도가 300m 미만(약 1,000피트)인 상태를 말한다.

　비행장이 계기 비행 기상 상태에 놓이면 유시계 비행이 불가능해지므로 계기 비행 자격을 가진 조종사만 비행이 가능하다. 또한 정해진 비행 규칙에 따라 비행해야 한다.

운량의 단위와 기호

독자적인 운량기호 옥타스

운량이란 하늘 전체에 구름이 차지하는 비율을 가리키는 단위다. 기상청에서는 10분 운량, 즉 '10분의 몇'으로 나타낸다. 하지만 국제적으로는 8분운량(옥타스)으로 나타낸다. '옥타'는 옥타브(음계), 옥텟(8비트) 등의 단어에 쓰인다는 점에서 알 수 있듯 8을 의미하는 표현이다.

하늘 전체를 8등분한다니, 언뜻 어렵게 느껴지지만 하늘을 45°씩 나눠서 8등분한다고 생각하면 직관적으로는 이해하기 쉬울 듯하다. 이는 야드파운드법적 발상에 따른 결과물이 아닐까. 본래 육안에 의지해 구름을 관측했으니 하늘의 절반, 혹은 절반의 절반이라는 식으로 기준을 잡는 편이 더 간편했으리라. **애당초 구름은 시시각각 형태와 양이 달라지므로 세세한 수치는 별 의미가 없기** 때문이다.

항공 기상에서는 8분 운량인 옥타스로 측정한 운량을 독자적인 기호로 나타낸다. **8분의 5(BRK)가 되는 고도를 실링**이라고 부른다.

운량은 다음의 표와 같은 기호로 나타낸다.

1/8(1 이하라도 0은 아닌 상태 포함)~2/8(1~2옥타스)	FEW(퓨)
3/8~4/8	SCT(스캐터드)
5/8~7/8, 빈틈 있음	BRK(브로큰)
온 하늘이 구름으로 뒤덮여 빈틈이 없음	OVC(오버캐스트)

8분 운량에서 6/8 정도의 사진

비행기의 고도는 어째서 미터가 아닐까?

비행기의 조종 훈련을 시작하고 가장 먼저 익숙해져야 하는 부분은 비행기에서 쓰이는 단위계다. 고도는 미터가 아닌 피트, 속도는 킬로미터 매시가 아니라 노트다. 거리 역시 미터가 아닌 마일이다. 심지어 이 마일은 육상 마일과 해상 마일이 나뉘어 있으며 비행기에는 해상 마일(해리, 노티컬 마일)이 쓰인다.

즉, 미터법이 아닌 야드파운드법 단위계를 사용하는 것이다. 이렇게 된 이유에 대한 해답은 간단한데, 미국이 일상생활에서도 야드파운드법을 사용하는 국가이기 때문이다. 유럽은 예전부터 미터법을 사용하고 있었으니(프랑스에서는 18세기 후반부터) 비행기의 계기판도 미터법이겠거니 싶지만 역시나 야드파운드법을 쓰고 있다. 그만큼 항공기 산업에서 미국의 입김이 강하다는 뜻이리라.

조종 훈련을 시작하면 우선 머릿속을 비우고 야드파운드법의 세계로 들어가야 한다. 고도 1,000피트는 약 305m, 속도 100노트는 1.852를 곱해 약 185km/h, 거리 10마일은 18.52km다.

항공 세계에서 '마일=노티컬 마일'임은 상식이기 때문에 마일이라 하면 기본적으로는 노티컬 마일을 말한다. 이를 육상 마일과 혼동하면 10마일은 16.1km로 상당히 짧아지고 만다.

한술 더 떠 구식 소형기 중에는 속도계 표시가 육상 마일로 되어 있는 비행기도 있다. 이는 미국의 자동차 속도계가 육상 마일이므로 자동차의 연장선상이라는 개념으로 만들어진 소형기도 자동차의 속도계를 답습한 것이리라.

제 8 장

소용돌이와 난기류

난기류는 풍향·풍속·온도 등이 서로 다른 두 공기 덩어리가 마주치는 면에서 발생한다. 난기류는 특정 장소에서 일정한 가로 및 연직 방향으로 확산되는 형태로 존재하며, 항공기의 운항에 큰 영향을 끼친다. 항공기가 난기류를 만나면 덜컹덜컹 흔들리기 때문에 상공의 난기류를 관측 및 예측하기 위한 기술이 활용되고 있다.

난기류가 생겨나는 이유

전단·수렴·역전층·상승기류

난기류는 특정 장소에서 일정한 가로 및 연직 방향으로 확산되는 형태로 존재하며, 항공기의 운항에 큰 영향을 끼친다.

난기류는 풍향·풍속·온도 등이 서로 다른 두 공기 덩어리가 마주치는 면에서 발생한다. 풍향·풍속이 다른 장소에서는 공기 간의 마찰이 일어난다. 이때 기류가 흐트러진 부분을 전단이라고 한다.

또한 지표 부근에서 공기의 흐름은 지면과의 마찰 때문에 경계층을 형성한다. 경계층에서는 고도에 따른 풍속의 변화가 발생하는데, 지표와 인접한 부분에서 풍속은 0이 된다. 고도가 상승함에 따라 풍속은 일반적인 흐름과 가까워지며, 고도 600m 부근까지는 지표의 마찰에 따른 영향을 받는다. 따라서 낮은 고도에서는 지표의 영향을 받아 기류가 흐트러진다.

난기류의 크기는 다양하며 이에 따라 항공기에 영향을 끼치는 정도가 달라진다. 기체의 길이보다도 큰 소용돌이라면 기체 전체가 들썩이거나 가라앉고, 기체의 길이와 비슷한 소용돌이라면 기수는 내려앉고 꼬리 부분이 들린다. 또한 그 반대로 기수가 들리고 꼬리 부분이 가라앉기도 한다. 일반적으로 **항공기에 요동을 일으키는 소용돌이의 크기는 지름 15~150m** 정도라고 한다.

난기류의 크기나 상태에 따라 항공기는 다양한 형태로 흔들린다. 피칭(기

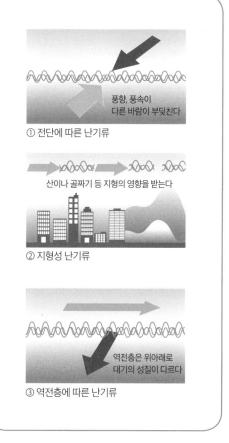

[그림 8-1] 난기류가 생겨나는 장소

풍향, 풍속이 다른 바람이 부딪친다
① 전단에 따른 난기류

산이나 골짜기 등 지형의 영향을 받는다
② 지형성 난기류

역전층은 위아래로 대기의 성질이 다르다
③ 역전층에 따른 난기류

수가 위아래로 흔들림), 요잉(기수가 좌우로 흔들림), 롤링(좌우 날개가 위아래로 흔들림) 등이 조합되어 복잡한 흔들림을 만들어낸다. 또한 **태풍이 지나간 후의 난기류는 작게 덜컹거리는 흔들림을 만들어낸다.**

난기류에는 다음과 같은 원인이 있다.

1. 인공적인 난기류, 2. 대류성 난기류, 3. 역학적 난기류, 4. 산악파에 따른 난기류.

이에 대해 순차적으로 설명하겠다(산악파에 따른 난기류는 '35. 구름은 어떻게 생겨날까' 참조).

인공적인 난기류

비행기가 일으키는 난기류

인공적인 난기류란 자연현상 이외의 원인으로 발생하는 난기류를 말한다. 대표적으로는 비행기가 만들어내는 항적난기류가 있다. 비행기는 공기의 흐름을 가르면서 날기 때문에 날개·동체·프로펠러·엔진 등의 주변에는 수많은 소용돌이가 생겨난다. 주날개에서는 양력이 발생하지만 주날개 표면에 가해지는 공기의 압력이 모두 일정하지는 않다. 이에 따라 항적난기류가 생겨나게 된다.

대표적인 항적난기류가 바로 날개 끝부분에 발생하는 날개 끝 와류다. 이는 주날개의 아랫면보다 윗면의 공기압이 더 작기 때문에 날개 끝부분의 기류가 밑에서 위로 말려 올라감에 따라 발생한다. 비행기 뒤에서 보면 소용돌이는 주날개 오른쪽 끝에서는 반시계방향으로, 왼쪽 끝에서는 시계방향으로 흐른다. 이 소용돌이가 전방에서 날아드는 기류에 의해 뒤쪽으로 밀려나기 시작한다. 이 흐름은 비행기의 후방에서 살짝 아래쪽을 향해 흐르며 동시에 좌우로도 조금씩 확산된다. 큰 비행기일수록 크고 강력한 소용돌이를 만들어낸다. 따라서 대형기의 뒤를 따라 이착륙하는 소형기는 항적난기류에 휘말리지 않도록 주의해야 한다.

항적난기류의 영향을 피하기 위해 항공기의 크기(최대 이륙 중량)에 따른 네 개의 카테고리와 항공기의 가로 폭까지 합친 일곱 개의 그룹으로 나누어, 선행하는 비행기와 후속하는 비행기의 크기에 따라 지켜야 할 간격이 정해져 있다. 대형기와 대형기의 간격은 좁고, 대형기와 소형기의 간격은 넓다.

항적난기류의 영향이 미치는 범위에 대해서는 항공기 간의 간격 외에 바

[그림 8-2] 항적난기류

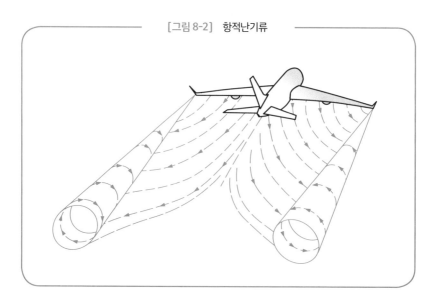

제 8 장 소용돌이와 난기류

람의 세기와 방향도 관여하고 있다. 횡풍이 불면 항적난기류는 바로 옆쪽으로 흘러가버리므로 활주로상에서의 이착륙에 영향을 미치는 시간은 짧아진다.

반대로 바람이 없을 때나 낮은 위치에 접지 역전층이 형성되어 있을 경우에는 활주로 위에 소용돌이가 길게 머무르기도 한다. 이럴 때는 비교적 오랫동안 영향을 끼친다.

항공기의 크기는 Heavy(H) · Medium(M) · Light(L)로 구분되는데, 여기에 2층 구조인 초대형기 에어버스 A380이 등장하면서 Super(S)가 추가되어 네 종류로 자리를 잡았다. A380의 최대 이륙 중량은 560톤이다. 보잉 777-300ER의 최대 이륙 중량인 350톤의 1.6배인 셈이다.

그 외에 항공기가 만들어내는 난기류로는 **엔진의 배기에 따른 제트 블래스트, 프로펠러의 회전에서 생겨나는 후류, 헬리콥터의 로터가 만들어내는 내리흐름** 등이 있다.

대류성 난기류

구름 내부나 상승기류가
존재하는 곳에서 발생한다

대류성 난기류란 상승기류와 하강기류에 따라 발생하는 난기류를 말한다. 상승한 기류는 어딘가에서 하강하기 마련이므로 상승기류와 하강기류가 충돌한 지점에서는 난기류가 형성된다.

정도의 차이는 있지만 구름의 내부는 대부분 기류가 흐트러져 있는데, 특히 심한 구름은 대류운이다. 적란운은 물론 규모가 작은 적운도 대류에 따라 생겨난 구름이므로 기류가 흐트러져 있다. 한편 층운형 구름은 역전층 등에서 생겨나기 때문에 구름이 자리한 부분에서는 다소 흔들림이 있지만 그렇게까지 심하지는 않다.

대류운에 따른 난기류는 낮은 고도에서도 무척 위험하다. 구름이 없는 맑은 날에도 낮은 고도에서는 햇볕에 의해 따뜻해진 지표에서 발생한 상승기류의 영향을 받게 된다. 이는 지표의 상태에 따라 차이가 있다. 모래나 돌이나 암석으로 이루어진 장소, 밭 위, 큰 강물 위 등, 지표의 상태는 다양하므로 열용량의 차이로 인해 햇볕에 지표가 따뜻해지는 정도가 달라진다. 따라서 상승기류와 하강기류가 번갈아가며 형성되어 난기류가 발생하기 쉬워진다.

역학적 난기류

원인은 지형이나 건물

역학적 난기류는 건물과 같은 지상의 물체나 지표의 고저차에 따라 발생하는 난기류다. 예를 들어 활주로 끝부분이 절벽처럼 꺼지는 곳에서는 하강기류나 상승기류가 발생하는데, 이들이 충돌하면 복잡한 난기류를 형성한다. 외딴섬에 자리한 활주로처럼 끝부분이 절벽을 이룬 곳에서는 강한 하강기류를 형성하는 경우가 많기 때문에 하강기류에 휘말려 급격하게 고도가 떨어지거나 위험한 상황에 빠지기도 한다. 가볍고 속도가 느린 소형기는 특히 이러한 하강기류에 약해, 하강기류가 원인으로 생각되는 사고가 자주 발생한다.

적란운과 동반하는 다운버스트, 마이크로버스트, 돌풍전선에 따른 전단선 역시 항공기의 이착륙에 큰 영향을 미친다. **마이크로버스트란 다운버스트 중 범위가 4km 이내의 작은 것**을 가리킨다.

도심지의 **고층 빌딩 등의 인공물 때문에 난기류**가 발생하기도 한다. 고층 빌딩이 늘어선 거리에서는 강한 바람이 불어오는 경우가 종종 있다. 빌딩 사이는 좁기 때문에 흐름이 가속되면서 바람이 강해진다. 또한 빌딩의 생김새는 다양하므로 바람의 움직임 역시 복잡해진다.

난기류를 관측하는 기술

도플러 레이더 등

난기류는 적란운 등의 대류운 내부, 적란운 하단 및 그 주변, 산악지대, 고도가 낮으며 지형의 고저차가 있는 곳, 그리고 상공의 전선대 부근에서 발생한다. 항공기가 난기류를 만나면 덜컹덜컹 흔들리기 때문에 탑승감이 불편해지고 승객이나 승무원이 부상을 당하기도 한다. 따라서 상공의 난기류를 관측 및 예측하기 위한 기술이 활용되고 있다.

저고도의 전단풍이나 마이크로버스트를 찾아내기 위해 공항에는 공항 기상 도플러 레이더(DRAW)나 레이저 빛을 이용한 공항 기상 도플러 라이다(LIDAR)가 설치되어 있다.

도플러 레이더는 도플러 효과를 이용해 공기 중의 빗방울이나 구름 입자의 운동 방향을 감지하고 전단풍이나 다운버스트 등이 존재하는 장소를 알아내는 장치다. 도플러 라이다는 전파보다 파장이 짧은 레이저 빛을 이용해 빗방울이나 구름 입자보다 작은 에어로졸을 관측하는 장치로, 난기류가 존재하는 장소를 찾아낸다. 에어로졸이란 공기 중에 떠다니는 미세한 입자로, 연기·자동차의 배기가스 등에서 유래하는 물질이다.

또한 상공에서 적란운 등의 난기류를 찾아내기 위해 항공기에는 기상 레이더가 탑재되어 있다(일부 소형기에는 미탑재).

최근에는 항공기에 탑재하는 도플러 라이다가 개발되어, **비행 중에 10마일 가까이 떨어진 청천난기류와 전단풍을 찾아내게 되었다.** 이 정도 거리에서 포착한다면 난기류와 맞닥뜨리기 약 1분 전에 난기류의 존재를 알 수 있다. 따라서 여유롭게 안전벨트 착용 신호를 보내거나 진로를 변경해 난기류가 존재하는 공역을 피해서 비행할 수 있다.

난기류를 이용하는 비행기의 원리

난기류의 소용돌이를 이용한다

난기류의 정체인 크고 작은 소용돌이가 모두 성가시기만 한 존재는 아니다. 소용돌이가 도움을 주는 사례도 있다. **소용돌이는 기류와 기류를 붙여주는 접착제 같은 역할도 한다.**

경계층을 다룰 때 설명했지만 이 부분은 속도 기울기가 크기 때문에 소용돌이가 발생하는데, 이것이 전단응력(수평 방향에 대한 항력)으로 작용한다. 즉, 기류를 날개 표면에 붙여주는 역할을 한다는 뜻이다.

비행기는 날개 표면으로부터 기류가 잘 떨어지지 않게끔 이 소용돌이의 성질을 이용한다. 공기가 곡면을 띤 날개 표면을 따라서 흘러준다면 그만큼 양력을 강하게 유지할 수 있다.

예를 들어 앞서 언급했듯이('14. 양력은 소용돌이에서' 참조) 주날개 윗면에는 와류 발생기라는 작은 돌기를 붙여서 소용돌이를 발생시켜 기류의 박리를 막는다. 또한 날개 앞전 일부에 삼각형의 뾰족한 돌기를 붙여서 소용돌이를 발생시키기도 한다. 전투기 등을 살펴보면 날개 앞전 중간에 노치(홈)가 만들어져 있는 경우가 있는데, 소용돌이를 발생시켜서 기류가 가로 방향으로 이탈하지 않게끔 막기 위한 장치다.

그 외에도 주날개 윗면에 송풍용 구멍을 뚫어서 그곳으로부터 기류를 배출해 소용돌이로 날개 윗면의 기류를 정돈하는 경계층 제어 방식이 있다. 대형기의 플랩이 여러 단으로 나뉘고 중간에 대나무 발처럼 빈틈이 생겨나는 이유 역시 이곳을 통해 공기를 적당히 흘려보내서 깊게 꺾인 플랩 표면을 따라 기류를 내보내기 위함이다.

또한 경계층이 지닌 점성(코안다 효과, 흐르는 성질을 지닌 물체가 곡면이 있는 물체의 표면을 따라 흐르는 현상-옮긴이)을 이용한 날개가 있다. 일본의 구 항공우주기술 연구소가 STOL(단거리 이착륙)을 연구하기 위해 제작한 비행기인 '아스카'는 주날개의 앞전 부근에 네 기의 제트엔진이 달려 있는데, 이는 엔진에서 배출된 가스 일부를 주날개 윗면을 따라 흘려보내서 코안다 효과를 얻기 위한 구조이다.

비행기의 자세가 이상해졌을 때 대처하는 방법

이상한 자세(Unusual Attitude)란 비행기가 안전하게 날 수 있는 한계치를 넘어선 자세를 말한다. 예를 들어 뒤집기 비행이 불가능한 비행기가 뒤집어졌을 때, 실속 받음각을 넘어선 자세가 되었을 때 등이 있다. 의도치 않게 스핀 상태에 빠지거나 난기류에 떠밀려 자세가 예상치 못하게 틀어지는 경우도 있다.

비행기 조종 훈련에는 이상 자세에서 회복하기 위한 조작을 알려주는 과정이 있다. 훈련생은 계기 비행용 후드(눈가리개)를 착용하고 고개를 숙여서 계기판이 보이지 않게 한 뒤, 두 손과 두 발을 조종간과 방향타 페달에서 떼어 교관에게 조종을 맡긴다. 교관은 비행기의 자세를 무작위로 계속 바꿔가며 훈련생의 운동감각을 마비시킨다. 그리고 이상한 자세에서 훈련생에게 조종간을 넘기고 자세를 회복하게끔 한다. 이때 훈련생은 바깥쪽은 보지 않고 계기판에만 의지해야 한다.

처음에는 어렵게 느껴지는 과목이지만 몇 번 해보면 계기판만 보고 수평 직선 비행 상태로 회복시킬 수 있게 된다.

실속에서 회복하기 위한 훈련

실속 훈련은 비행기가 의도치 않게 실속했을 경우에 평소 상태로 회복시키는 것이 목적이지만 또 한 가지 목적은 출력, 자세의 급격한 변화에 따라 기체에 가해지는 다양한 힘을 적절히 제어하기 위한 능력을 익히는 것이다.

실속 상태에서 회복하려 할 경우, 무동력 실속(엔진 출력을 완속으로 바꾸어 실속에 들어가는 것)이 출력의 변동 폭이 크고 그만큼 프로펠러에 작용하는 힘의 변화가 크므로 선회 조작이 어려워진다.

실속 절차는 다음과 같다.

1. 출력을 완속까지 낮추면 기수가 떨어지려 한다.
2. 고도가 내려가지 않게끔 조종간을 당겨서 고도를 유지한다.
3. 진로가 바뀌지 않게끔 적절히 방향타를 사용한다.
4. 받음각이 서서히 커지고 속도도 서서히 떨어지며 실속 속도에 가까워진다.
5. 실속 받음각에 도달해 실속되면 기수가 쿵, 하고 가라앉는다.
6. 피치 자세가 지평선보다 조금 낮음을 확인한 후 출력을 최대로 높인다. 우측 방향타 페달을 밟는다.
7. 속도를 확인하고 실속 속도를 충분히 넘었다면 기수를 올린다.
8. 진로를 유지하며 본래 고도로 돌아간다.
9. 본래의 순항 고도로 돌아왔다면 출력을 순항 출력(2,300회전, 출력의 65% 정도)으로 맞춘다.

모든 비행기에는 실속경보장치가 탑재되어 있으므로 실속 고도가 가까워지면 경보음이 울린다. '삐익!' 하는 소리를 들으면 역시나 기분이 썩 좋지 않다.

제 9 장

안개·눈·얼음

안개와 연무는 대표적인 시정장애 현상이다. 이들은 항공기뿐 아니라 선박이나 자동차 등 교통에 큰 영향을 끼친다. 안개는 지면과 접촉할 정도로 낮은 곳에 생겨난 구름이며 구름과 마찬가지로 미세한 물방울로 이루어져 있다. 이 물방울이 빛을 흡수·산란해서 하얗게 보이기 때문에 시정이 극단적으로 나빠지게 된다. 수평시정이 1km 미만인 것은 안개, 1km 이상인 것은 박무, 연무라고 한다.

안개가 생겨나는 이유

복사안개·이류안개·증기안개

안개는 지면과 접촉할 정도로 낮은 곳에 생겨난 구름이다. 안개는 구름과 마찬가지로 미세한 물방울로 이루어져 있다. 이 물방울이 빛을 흡수·산란해서 하얗게 보이기 때문에 시정이 극단적으로 나빠지게 된다. **수평시정이 1km 미만인 것은 안개, 1km 이상인 것은 박무, 연무**라고 한다. 안개 입자의 크기는 $10\mu m$ 정도로, 먼지 등의 응결핵을 중심으로 형성된다.

구름과 마찬가지로 안개는 공기 중의 수증기가 포화되면서 생겨난다. 포화되려면 기온이 내려가야 한다. 지면 부근이 냉각되는 원인으로는 복사냉각·냉기의 이류에 따른 혼합·상승기류에 따른 단열냉각이 있다.

안개를 발생 원인으로 분류하면 다음과 같다.

• 복사안개

야간에 지면 부근의 공기가 복사냉각을 통해 식으면서 생겨난 안개다. 분지 등에서 자주 볼 수 있다. 운해는 복사안개의 일종이다.

• 이류안개

수증기를 대량으로 포함한 따뜻한 공기가 차가운 지면이나 해수면으로 흘러들어 식으면서 생겨나는 안개를 말한다. 바다 위에서 생겨나는 해무가 대표적인 이류안개다. 일본에서는 홋카이도 남동부에서 산리쿠 앞바다에 걸쳐서 자주 발생한다.

• 증발안개

이류안개와는 반대로 차가운 공기가 따뜻한 해수면 위로 흘러들어 해수면에서 증기가 피어올라 생겨나는 안개다.

• 혼합안개

수증기의 양이 많은 따뜻한 공기와 차가운 공기가 충돌해 서로 섞이면서 발생하는 안개다.

・역전안개

상공의 역전층을 통해 생겨난 층운이 야간의 기온 저하 등의 원인으로 지상 부근까지 내려오면서 생겨나는 안개다.

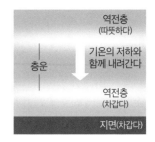

・강수안개

온난전선 부근에 내린 비가 증발해서 대기가 포화함에 따라 생겨나는 안개다. 전선안개라고 부르기도 한다.

・활승안개

수증기를 대량으로 포함한 공기가 산의 경사면을 타고 올라갈 때 단열냉각으로 발생하는 안개다. 낮은 산골짜기 등에 구름이 달라붙어 있는 것처럼 보인다.

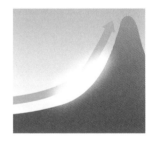

항공 기상에서 안개의 분류

높이나 넓이도 알 수 있다

안개는 발생 원인뿐 아니라 높이나 분포에 따라 분류되기도 한다. 특히 항공 기상에서는 안개의 상태가 항공기의 운항에 큰 영향을 미치기 때문에 기상정보로서 꼼꼼하게 보고되어야 한다. 항공기의 경우 안개 때문에 시정이 나쁘다 해서 운항을 취소할 수는 없다. 기상 상태가 허락하는 한 비행해야만 한다. 따라서 안개의 상태나 시정이 상세히 통보된다.

지면에서 아주 가까이 깔린 안개는 땅안개라 하여 MI라는 기호로 통보된다. 눈높이(2m) 정도보다 낮게 깔린 안개는 DR이라는 기호로, 2m보다 높은 안개는 BL, 산재한 안개는 BC라는 기호로 통보된다. BCFG라고 통보되었다면 비행장과 그 주변 9km 이내에 안개가 산재해 있다는 뜻이다.

안개가 깔렸을 때는 종종 수평시정·수직시정이 모두 0이 되는데, 이럴 때 항공기는 이착륙이 불가능해진다. 그래서 비행장에는 시정 외에도 활주로 가시거리(RVR: Runway Visual Range)나 수직시정의 한계치가 정해져 있는데, 해당 수치 이하로 떨어지면 이착륙이 불가능하다. **활주로 가시거리란 활주로 중심선상에 있는 비행기의 조종사가 활주로의 표시나 불빛을 인식할 수 있는 거리를 말한다.**

일부 공항을 제외하고 정기편이 운항되는 대부분의 공항에는 계기 착륙장치(ILS: Instrument Landing System)가 설치되어 있다. 이는 항공기를 자동적으로 활주까지 유도해주는 계기 진입 시스템이다. 활주로 근처에서 진입 코스를 나타내주는 전파(로컬라이저)와 진입각을 나타내주는 전파(글라이드 슬로프)가 발사된다. 이 두 전파를 수신해서 올바른 진입경로를 알아낸다. 항공기의 계기판에는 상하좌우로 얼마나 치우쳐 있는지를 보여주는 바늘이 있는데, 이 두 바늘이 계기의 중앙에 오게끔 하면 활주로까지 진입할 수 있다. 오토파일럿을 어프로치 모드로 해놓으면 비행기는 자동적으로 활주로까지 이동한다. 하지만 실제로 1,000피트 정도까지 하강하면 오토파일럿을 해제하고 수동으로 착륙한다. 진입 방식은 몇 가지 카테고리로 분류되는데, 높은 카테고리에서는 완전 자동 착륙도 가능하다. 다만 일본에서는 완전 자동 착륙은 행해지지 않는다. 마지막으로 지면에 접지할 때는 오토파일럿을 끄고 조종사가 수동으로 조작한다.

세스나 172기의 ILS 계기
(Microsoft Flight Simulator에 따름)

이때 일정 고도까지 낮췄는데 활주로가 보이지 않으면 규칙상 착륙이 불가능하므로 이럴 때는 착륙을 포기하고 다시 고도를 높인 뒤, 정해진 절차에 따라 재차 진입을 시도한다. 그럼에도 착륙할 수 없을 때는 가까운 대체 공항에 착륙하거나 출발한 공항으로 되돌아간다.

ILS의 카테고리는 카테고리 Ⅰ, Ⅱ, Ⅲa, Ⅲb, Ⅲc로 분류되는데, 각각 최저 기상 조건으로서 활주로 가시거리와 착륙 여부를 결정하기 위한 고도(결심고도 DH) 등이 정해져 있다.

일본에서는 나리타 공항, 구시로 공항 등 안개가 많은 공항에서는 Ⅲb가 운용되고 있지만 완전 자동 착륙이 가능한 Ⅲc는 쓰이지 않는다. Ⅲc에서는 RVR과 결심고도가 모두 0이라도 착륙이 가능하다.

안개가 끼어 있으면 시정이 극단적으로 나빠지기 때문에 사고가 일어나는 경우도 있다. 짙은 안개 때문에 벌어진 유명한 사고로는 1977년 3월 27일에 카나리아 제도의 테네리페 공항에서 두 대의 보잉 747기가 충돌한 사고가 있다. 안개 이외의 원인도 있었지만 시정이 양호했다면 벌어지지 않았을 사고였다.

다양한 시정장애 현상

시야를 차단하는 다양한 기상현상

시정장애를 초래하는 기상현상은 안개, 박무 외에도 다양하다. 연무는 연기 때문에 발생하는 현상으로, 헤이즈라고도 한다. 자동차의 배기가스, 공기 중을 떠다니는 작은 모래먼지 때문에 시정이 10km 미만으로 낮아진 상태를 말한다. 안개와는 다르게 공기가 포화되어 있지 않아 **습도가 75% 이하로 건조한 경우**를 일컫는다. 연무는 산불의 연기 · 공장에서 배출되는 가스 · 자동차의 배기가스 등이 에어로졸로 변해 공기 중에 떠다니는 것이다. 초미세먼지 등도 원인으로 작용한다. 연무가 발생하면 시정이 극단적으로 나빠져 항공기의 이착륙에 큰 영향을 끼친다.

　그 외에 시정장애를 일으키는 현상은 다음과 같다.

모래폭풍

· 모래폭풍

지표면의 마른 모래가 강풍에 말려 올라가 공기 중을 떠다니면서 발생하는 시정장애다. 비행기를 타고 낮은 고도에서 지상의 모래폭풍을 내려다보면 사방에서 드문드문 모래가 말려 올라가는 모습을 볼 수 있다. 또한 지상에서는 모래폭풍이 눈앞에 들이닥치는 황갈색 벽처럼 보이기도 한다.

· 황사

대륙 방면의 사막 지대에서 날아드는 지름 $4\mu m$ 정도의 모래먼지가 공기 중에 대량으로 떠다니는 것이다.

· 화산재

화산재 역시 시정장애를 초래한다. 일본 가고시마현의 사쿠라지마섬은 종종 분연을 뿜어내므로 시정장애 때문에 이착륙에 영향이 발생하는 경우가 있다.

· 강수

강수도 시정장애를 초래한다. 거센 비나 안개와 합쳐진 듯한 안개비, 눈 등에 따른 시정장애가 대표적이다.

시정장애에 대처하기 위한 항공기의 비행 원칙

IFR이라면 악천후에서도 날 수 있다

시정장애는 빈번하게 발생하기 때문에 비행을 위한 규칙이 정해져 있다.

비행 방식으로는 유시계 비행 방식(VFR: Visual Flight Rules)과 계기 비행 방식(IFR: Instrument Flight Rules)이 있다. 전자는 조종사가 자신의 눈으로 지표·건물·철탑·다른 항공기·구름 등을 확인하고 일정한 거리를 유지한 채 비행하는 방식으로, 유시계 비행 기상 상태(VMC: Visual Meteorological Conditions)일 때의 비행 방식이다.

이때의 기상 조건은 다음과 같다.

① 3,000m 이상의 고도에서 비행하는 경우

비행 시정 8,000m 이상

위·아래로 300m 이내에 구름이 없을 것

수평 거리 1,500m 이내에 구름이 없을 것

② 3,000m 미만의 고도에서 비행하는 경우

비행 시정 5,000m 이상(관제권 · 관제구 · 정보권*을 비행하는 경우)

비행 시정 1,500m 이상(관제권 · 관제구 · 정보권 이외를 비행하는 경우)

위로 150m, 아래로 300m 이내에 구름이 없을 것

수평 거리 600m 이내에 구름이 없을 것

③ 비행장에서 이착륙하는 경우

시정 5,000m 이상

운고 300m 이상(지표로부터의 높이)

이 세 가지 중 하나가 기준 이하일 때는 계기 비행 기상 상태(IMC: Instrument Meteorological Conditions)로 이행된다. 이 상태에서는 유시계 비행 방식으로는 비행이 불가능해 계기 비행 방식, 즉 IFR로만 비행해야 한다.

비행장에서의 운고(구름의 높이)란 하늘 전체를 구름이 뒤덮은, 운량 8분의 5 이상인 고도를 말한다. 이 고도를 실링(천장이라는 뜻)이라 부르기도 한다.

---

* 　관제권 · 관제구 · 정보권
　　항공기의 안전한 운항을 위해 정해진 공역이다. 관제권과 정보권은 공항 주변에 정해진 공역(대부분은 비행장 중심에서 반경 9km, 고도 3,000피트의 공역이지만 예외도 있다)이다. 정보권 역시 관제권에 준한다. 관제구는 지표로부터 200m 내지 300m 이상의 거의 모든 공역이다.

또한 비행장에 통보되는 비행 정보 중 하나인 METAR(정시 관측 보고)의 운고는 해수면 위로부터의 높이가 아닌 비행장 지표로부터의 높이를 가리킨다.

계기 비행 방식이란

관제관의 지시에 따라 비행

계기 비행 방식(IFR)이란 항공 교통 관제를 상시 실시하는 관제관의 지시에 따라 비행하는 비행 방식이다. 이착륙할 때는 기상 상태에 따라 제한이 있지만 비행 중에는 기본적으로 어떠한 기상 상태에서도 비행이 가능하다. 유시계 비행 기상 상태라 하더라도 VFR이 아닌 IFR로 비행할 수 있고, 착륙 시 기상 조건이 양호하며 다른 항공기가 적을 경우에는 IFR을 취소하고 VFR로 착륙할 수도 있다.

다만 비행 경로상에 적란운이 위치해 있거나 극심한 난기류가 발생한 경우에는 경로나 고도를 변경해야 한다. 이때의 판단은 조종사가 맡으며 관제관에게 승인을 요청한다. 또한 IFR이라 하더라도 구름 내부처럼 바깥이 전혀 보이지 않는 기상 상태일 때를 제외하면 항상 눈으로 바깥을 감시해야만 한다.

비행장이 IMC가 될 때는 '49. 시정장애에 대처하기 위한 항공기의 비행 원칙'의 ③번 조건과 관련이 있는데, 시정이 조금 더 나쁘더라도 VFR로, 다시 말해 지표의 장애물 등을 육안으로 살피며 비행할 수는 있다. 하지만 IFR이 불가능해 VFR로 비행하는 소형기는 비행장의 기상 상태가 갑자기 VMC에서 IMC로 변했을 경우에는 착륙이 불가능해진다. 따라서 VFR로 비행하는 항공기에는 특별 시계 비행 방식(SVFR)이라는 것이 마련되어 있다.

이 방식을 따르면 일정한 기상 조건하에서 관제권(혹은 정보권)으로 진입할 수 있다. '구름으로부터 벗어나 비행 시정 1,500m 이상을 유지한 채 지표(혹은 수면)를 계속 눈으로 확인할 수 있는 상태에서 비행이 가능할 것'이

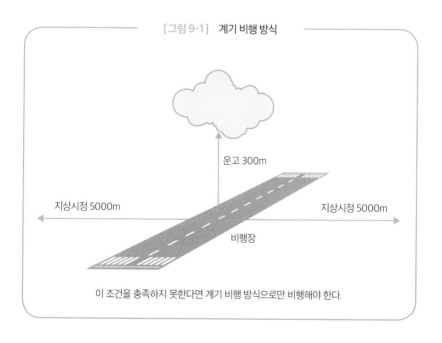

[그림 9-1] 계기 비행 방식

운고 300m

지상시정 5000m   지상시정 5000m

비행장

이 조건을 충족하지 못한다면 계기 비행 방식으로만 비행해야 한다.

그 조건이다. 이와 같은 기상 상태라면 비행장이 IMC라 하더라도 관제탑으로부터 SVFR의 관제 승인을 받아서 관제권 안으로 진입해 활주로를 눈으로 확인하며 착륙할 수 있다.

눈과 얼음·강설

한랭기의 기상현상

구름 내부의 물방울이 0℃ 이하의 장소에서 얼음 입자로 변한 후, 상승기류를 타고 점점 더 고도로 올라감에 따라 주변에 수증기가 달라붙으며 눈 결정으로 성장한다. 그리고 더 이상 상승기류에 떠 있을 수 없을 정도로 커지면 지상으로 떨어진다. 이것이 바로 눈이다. 눈은 떨어지다 기온이 0℃ 이상인 곳에 도달하면 녹아서 물방울로 변한다. 지상의 기온이 3℃ 이상이면 지상에 도달하기 전에 물방울이 되거나 차가운 비로 변해 떨어진다.

3℃ 이하일 경우에는 지상에서도 눈 상태를 유지하거나 일부가 녹아서 비가 섞인 진눈깨비로 변한다.

실제로 구름 내부의 온도가 0℃였다 해도 얼음 결정으로 변하지 않는 경우가 있는데, 이때는 과냉각수로 이루어진 구름 입자로 존재하다 더욱 높은 곳까지 올라가 온도가 한층 낮아지면 비로소 얼음이 된다.

눈 외에 얼음으로 이루어진 것으로는 싸락눈과 우박이 있다. 이는 적란운 내부에서 심하게 흔들린 얼음 결정이 서로 엉겨 붙으며 얼음 덩어리로 변한 것이다. **지름이 5mm 미만일 경우에는 싸락눈, 5mm 이상일 경우에는 우박이라**고 부른다.

차가운 비나 눈을 나타내는 말로는 기상용어가 아닌 것을 포함해 다음 과 같은 표현들이 있다.

· 싸락눈

백색에 불투명하며 지름이 2~5mm 정도인 얼음 알갱이다. 눈 결정에 얼어 붙은 물방울이 달라붙으면서 생성된다.

· 어는비

투명하거나 반투명한 지름 5mm 이하의 얼음 알갱이가 내리는 것이다. 하늘에서 떨어지던 눈이 잠깐 녹았다가 다시 얼어붙은 것으로, 아이스 펠릿 이라 부르기도 한다. 더 높은 고도에 착빙성 비가 내릴 경우에 발생하는 현상이다. 착빙성 비란 과냉각 상태로 접어들어 0℃ 이하로 낮아졌음에도 얼지 않는 비를 말한다.

· 진눈깨비

얼음이 섞인 차가운 비를 가리킨다. 겨울철에 내리는 눈 섞인 차가운 비를 연상케 하지만 일본의 시조인 하이쿠에서는 여름의 계절어로 사용된다.

일본어로는 '히사메(氷雨)'라고 하는데, 여름철의 적란운에서 떨어지는 우박을 가리키는 일본어 '효'에서 발음이 변해 생겨난 말이라는 설도 있다.

· 가루눈

기온이 낮고 비교적 수증기가 적은 구름 속에서 형성된 눈이다. 눈 결정 상태에서 그다지 발달하지 않은 채 지상으로 떨어진다. 수분이 적기 때문에 보슬보슬해서 손으로 쥐어보면 손가락 사이로 떨어져 내린다.

· 함박눈

구름 내부의 수증기량이 많으며 기온이 비교적 높을 때 내리는 눈이다. 구름 속에서 떨어질 때 주변의 수증기가 엉겨 붙으며 눈 조각으로 변해 떨어진다.

· 솜털눈(함박눈과 비슷하지만 더 작은 눈)

솜을 찢어놓은 것처럼 굵은 눈이다. 따뜻해지기 시작하는 겨울의 막바지에 내린다. 수증기를 잔뜩 머금은 눈이다.

· 떡눈

따뜻해진 초봄 등에 내리는 눈이다. 한번 녹은 물이 눈 결정 주변에 달라붙으며 반쯤 얼음으로 변한 눈이다.

• 세설(細雪)

일본의 소설가 다니자키 준이치로의 『세설』(1936년)의 제목으로 쓰인 눈이다. 부슬부슬 내리는 눈으로, 비로 따지면 가랑비에 해당한다.

그 외, 항공 기상에서의 빙설 현상

항공기의 경우 빙설 현상은 이착륙 시의 시정에 영향을 끼치며 이륙 시의 활주 및 착륙 시의 접지, 그 후의 지상 활주에도 큰 영향을 준다. 활주로 표면에 눈이나 얼음이 있으면 브레이크의 성능이 떨어져서 이착륙 거리가 길어지고, 최악의 경우에는 활주로에서 이탈하기도 한다.

또한 비행 중의 착빙, 이착륙 시의 착설도 비행의 안전에 심각한 영향을 끼친다('52. 비행기에 얼음이 부착되는 높이'의 표 참조).

비행기에
얼음이 부착되는 높이

동결 기상 상태에서의 운항

수증기가 많으며 외부의 기온이 0℃보다 낮은 곳에서는 비행기에 얼음이 부착될(착빙) 가능성이 있다.

수증기가 많은 장소란 구름 속이나 비, 눈이 내리는 장소를 말한다. 외부의 기온이 0℃ 이하로 낮아지면 기체에 얼음이 부착된다. **착빙이 가장 일어나기 쉬운 온도는 0℃에서 -10℃** 정도라고 한다.

하지만 실제로는 0℃보다도 조금 높은 기온에서도 얼음이 부착되는 경우가 있다. 이는 날개 일부가 부압(주변보다 낮은 기압)을 이룰 때가 있기 때문이다. 조종간을 갑자기 당기거나 기체가 심하게 기울면 주날개 윗면 일부의 기압이 낮아지고 공기가 단열팽창을 일으키며 온도가 낮아지기 때문에 외부의 기온이 0℃ 이상이더라도 착빙이 발생한다.

또한 구름 내부에 과냉각수가 존재할 때 항공기가 그 안으로 진입하면

역학적 자극을 통해 단숨에 얼음으로 변하며 착빙이 일어난다. 따라서 몇 피트에서 0℃가 되는지에 대해서는 비행 전에 기상정보로 확인해둘 필요가 있다.

착빙은 비행기의 성능을 크게 떨어뜨리는 요인이다. 주날개에 착빙이 발생하면 약간의 두께라 하더라도 날개의 형태(단면의 형태)가 변형되므로 양력이 크게 저하된다. 항력 역시 늘어난다.

다음은 착빙과 동결이 비행기에 미치는 영향이다.

① 얼음이나 눈 때문에 날개 단면의 형태가 변형되면서 양력이 감소하고 항력이 증가한다. 그 결과, 양력이 크게 저하될 뿐 아니라 실속 속도가 커져서 실속을 일으키기 쉬워진다. 날개에 1.5mm의 착빙이 발생하면 양력은 30%가 감소한다고 한다(출처:『AIM-J』).

② 날개 표면에 드문드문 착빙이 발생하면 기류가 쉽게 박리되므로 실속을 일으키기도 쉬워진다.

③ 보조날개·승강타·방향타 등, 조종면의 힌지 부분이 얼어붙으면 조종간과 방향타 페달을 움직일 수 없게 되기도 한다.

④ 프로펠러에 착빙이 발생하면 프로펠러 날 부분의 양력이 저하되고 추력이 감소한다. 또한 중량 밸런스가 불균형해지므로 진동이 발생한다. 프로펠러의 진동은 프로펠러축의 정속기구나 엔진에 악영향을 끼친다.

⑤ 피토관이 얼어붙으면 비행 속도를 정확하게 측정할 수 없게 된다. 그 결과, 비행기가 실속을 일으키는 경우가 있다. 정압공(대기압을 측정하는 센

서)에 얼음이 부착되면 기압고도계나 승강계 등 정압을 이용하는 계기가 작동을 멈추고 만다.

⑥ 레시프로기(왕복엔진을 탑재한 프로펠러기-옮긴이) 중에는 카뷰레터(기화기) 방식의 엔진을 탑재한 비행기도 있다. 이와 같은 엔진은 기화기의 내부에서 연료가 팽창함에 따라 온도가 떨어지므로 외부 기온이 0℃ 이상인 공역에서도 아이싱(동결)이 발생하는 경우가 있다.

⑦ 조종석 유리창의 전면에 얼음이 생겨나기도 하는데 이는 눈앞을 가리므로 위험하다. 특히 착륙할 때는 진입·접지 조작이 불가능해진다.

⑧ 얼음 결정이 존재하는 고도 2만 2,000피트 이상의 대기 속을 비행하는 제트기에서는 엔진이 얼음 결정을 빨아들이며 압축기 등의 날이 파손되기도 한다(출처:『AIM-J』).

⑨ 날개나 기체에 착빙이 발생하면 중량이 늘어나 비행 성능에 영향을 끼친다.

또한 이착륙 시 활주로 표면에 깔린 얼음이나 눈은 항공기에 심각한 영향을 준다. 눈이나 얼음은 마찰계수가 낮기 때문에 미끄러지기 쉽다. 이는 자동차도 마찬가지다. 따라서 활주로의 상태(미끄러운 정도)는 브레이킹 액션이라는 표현으로 조종사에게 전달된다. 활주로의 상태에 따른 브레이킹 액션은 다음과 같다.

[브레이킹 액션]

통지 명칭	상태	마찰계수
GOOD	양호	0.40 이상
MEDIUM TO GOOD	대체로 양호	0.36~0.39
MEDIUM	(명칭 없음)	0.30~0.35
MEDIUM POOR	불량	0.26~0.29
POOR	매우 불량	0.20~0.25
VERY POOR	매우 불량, 위험	0.20 미만

(참고: 자동차 타이어의 경우, 포장도로에서 말랐을 때 0.8, 젖었을 때 0.4 정도)

그 외에 적설정보는 다음과 같이 분류되기도 한다.

DRY SNOW	건조한 눈 및 수분이 거의 포함되지 않은 일반적인 눈
WET SNOW	수분을 많이 포함하고 있어 장갑을 낀 손으로 움켜쥐면 물이 스며들거나 스며 나오는 상태의 눈
SLUSH	수분을 충분히 포함하고 있어 뒤꿈치 또는 발끝으로 밟거나 차면 철벅철벅 튀어 오르는 눈
COMPACTED SNOW	제설 장비 등에 눌러 단단하게 굳은 눈
ICE	얼음

(출처: 항공기 국제 공동개발촉진기금 「항공기 동절기 운항의 과제와 해결을 위한 연구 노력」)

착빙에 대처하는 방법

방빙·제빙

항공기는 착빙이 발생할 듯한 공역을 비행할 때면 어떻게 할까. 항공기에는 착빙을 막는 방빙(anti ice) 장비와 기체에 부착된 얼음을 제거하는 제빙(de ice) 장치가 탑재되어 있다. 따라서 방빙·제빙 기능이 갖추고 있는 능력의 범위 안에서는 비행이 가능하다. 소형 프로펠러기를 제외하면 현재 대부분의 기체에는 방빙·제빙 장치가 탑재되어 있으므로 대부분의 경우는 안전한 비행이 가능하다. 본격적인 방빙·제빙 장치를 갖추지 않은 세스나기에도 피토관의 방빙 기능과 기화기의 동결을 막기 위한 카뷰레터 히트 기능이 갖춰져 있다.

　방빙·제빙 방식은 크게 세 가지로 나뉜다. 기계, 열, 그리고 약제를 이용한 방식이다.

　기계적 방식으로는 날개 앞전에 부착되는 고무 재질의 부츠가 있다. 엔진에서 이곳으로 압착 공기를 보내 주기적으로 부츠를 부풀려서 부착된 얼음을 파괴한다. 주로 소형기나 중형기에 탑재되어 있다. 주날개의 끝부분이 검게 보이는 비행기가 있는데, 이것은 바로 고무 재질의 제빙 장치가 탑재된 비행기다.

피토관의 경우는 열을 이용해 착빙을 방지한다. 조종석에서 피토 히트 스위치를 켜면 전기적으로 열이 발생해 따뜻하게 데워지기 시작한다. 비행 전, 동결 기상 상태가 예상될 경우에는 피토관의 제빙 기능이 정상적으로 작동하는지 확인하는데, 이때는 손으로 쥐어서 따뜻해지는지를 확인한다. 전기를 사용하는 방식 외에 엔진으로부터 배출되는 고온의 배기를 날개 앞전으로 뿜어서 얼음을 막기도 한다.

마지막으로는 제빙액 등의 약품을 사용하는 방식이다. 이는 프로펠러 등에 사용된다. 그 밖에 적설이 심할 경우에는 공항의 주기장에 세워져 있는 항공기에 제빙제를 써서 제빙을 실시한다. 제빙액은 프로필렌글리콜이나 에틸렌글리콜이 쓰인다. 모두 어는점이 0℃ 이하이기 때문에 기체에 달라붙은 눈이나 얼음을 씻어 내릴 수 있다.

착빙은 VFR에서 비행하는 소형기의 경우 심각한 영향을 끼친다. 착빙을 막는 방법은 착빙이 예상되는 장소를 피해

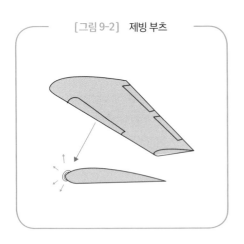

[그림 9-2] **제빙 부츠**

서 비행하는 것이다. 비행 전에 기상정보를 확인해 프리징 레벨(0℃가 되는 고도)을 잘 확인해두도록 한다. 적운형 구름의 내부에서 0℃ 이하로 내려가더라도 물방울이 얼어붙지 않은 채 과냉각수의 형태로 존재하는 곳에서는 강한 착빙이 발생한다. 착빙이 발생했을 경우에는 온도가 0℃ 이상인 위치까지 신속하게 고도를 낮추도록 한다.

제트여객기 등 최신 기체는 방빙 기능이 우수하며 상승률과 강하율이 높아서 착빙 구역에 머무르는 시간이 짧으므로 착빙이 발생하는 상황이 다소 줄어든다.

제 10 장

비행기와 항공역학과 기상에 관한 이모저모

기장은 항공정보와 기상정보를 의무적으로 확인해야 한다. 항공정보란 공항·활주로·항공로·항법 설비·운항 방식 등 항공기를 안전하게 운항하기 위해 필요한 정보를 말한다. 기상정보 역시 대단히 중요하기 때문에 다양한 형태로 조종사에게 제공된다. 반드시 확인해야 하는 기상정보는 출발 비행장과 목적 비행장의 기상, 비행 경로 및 대체 비행장의 기상 등이다.

급강하의 항공기역학

중력가속도와의 싸움

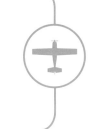

제2차 세계대전 당시는 급강하 폭격이라 하여 높은 고도에서 단숨에 급강하해 적함 등의 목표에 폭탄을 투하하는 작전이 실시되었다.

급강하를 시도하는 이유는 높은 고도에서 목표 지점까지 진입하면 적으로부터 잘 발견되지 않으며 고사포로부터의 공격을 피할 수 있기 때문이다.

급강하 폭격은 상당히 어렵다. 전투기의 주날개는 공중전 등의 기동 비행에 알맞게 설계되어 있다. 따라서 급강하에는 적합하지 않다. 왜냐하면 45°에서 60°(최대 80°)의 강하각으로 급강하하면 중력에 따라 속도가 빨라지고, 이에 호응하듯 주날개의 양력이 증가하기 때문이다. 목표를 노려서 급강하하더라도 속도가 빨라짐과 동시에 기수가 위로 들린다.

조종사는 필사적으로 조종간을 밀어보지만 잘 밀리지 않아 기수가 들리고 만다. 그러면 목표물은 조종석에서 볼 때 기수 밑으로 숨어버리므로 명

중시킬 기회를 놓쳐버린다. 그리고 아래쪽의 적으로부터 비행기 밑바닥을 향해 포탄 세례를 받게 된다.

따라서 급강하 폭격에는 전용으로 설계된 공격기가 사용되었다.

급강하 폭격기의 경우는 급강하로 속도가 빨라졌을 때 기수가 들리지 않게끔 강력한 엘리베이터 트림(다운 트림)을 탑재하고, 플랩의 형태도 개선해 기수 들림 모멘트(moment, 물체를 회전시키려 하는 힘의 작용-옮긴이)의 발생을 억제하는 강력한 스피드 브레이크를 장비하는 등의 설계가 이루어졌다. 당시 미 해군의 급강하 폭격기인 커티스 SB2C 헬다이버는 가파른 각도로 강하하더라도 기수 방향이 잘 틀어지지 않게끔 주날개의 뒤쪽 끝부분에 면적이 넓은 치즈 플랩(구멍이 뚫린 플랩-옮긴이) 겸 에어브레이크가 장착되어 있었다.

한편 급강하 폭격기는 급강하한 뒤 다시금 날아오를 때 걸리는 강력한 하중에도 버틸 수 있어야 하므로 일반적인 전투기보다 튼튼하게 만들어졌다. 일본의 제로센처럼 공중전에서 자유자재로 날아다닐 수 있게끔 설계된 전투기와는 근본적으로 다른 구조인 셈이다.

참고로 급강하 이후 다시 날아오를 때 받게 되는 하중의 크기는 상승 반지름과 비례한다. 급격하게 기체를 일으키면 일으킬수록 기체에는 강한 하중이 걸리는데, 제한하중배수(설계상의 최대 하중)를 넘기면 비행기는 대파되고 만다. 또한 조종간이 매우 무거워지거나 충분히 당겨지지 않아 지상에 격돌하게 된다.

수평선이 보이지 않는다!

유사수평선

기상 때문에 발생하는 항공 사고로는 난기류나 착빙 외에 착각으로 인한 사고도 있다. 하나는 구름의 능선(구름의 운정을 연결하는 선)을 지평선으로 착각하면서 발생하는 사고다. 구름의 높이가 모두 동일하지는 않다. 전선을 따라서 한쪽 끝이 올라가거나 가라앉는 경우도 있고, 구름의 능선이 비스듬하게 기울어 있는 경우도 있다.

이 상태가 위험한 이유는 조종사가 이러한 구름의 능선을 수평선으로 착각해 기체를 비스듬히 기울인 채 비행하는 경우가 있기 때문이다. 설마 그렇게 어처구니없는 실수를 저지를까 싶겠지만 사소한 착각으로 그런 일이 벌어지기도 한다. 특히 VFR(유시계 비행 방식)로 비행할 경우에는 주의가 필요하다.

조종사는 수평선을 보고 비행기의 자세를 조정한다. 수평선을 보면 기수

제 10 장 비행기와 항공역학과 기상에 관한 이모저모

의 상하 자세(피치)와 좌우 기울기(롤)를 즉시 알 수 있다. 조종사는 기초 훈련 단계에서 이를 철저하게 학습한다. 이 기술을 터득하면 비행기가 어떤 이상한 자세를 취하더라도 곧바로 올바른 자세로 되돌릴 수 있다. 만약 이상한 자세에서 복귀하지 못한다면 실속하거나, 스핀에 접어들거나, 지나치게 속도가 빨라져서 제한 하중을 넘길 우려가 있다.

이런 일이 발생하지 않게끔 수평선을 확인함과 동시에 비행기의 자세를 알려주는 계기인 수평의를 교차 확인해야 하는데, 자칫하면 비스듬히 기울어진 구름의 능선과 비행기의 자세를 동일시하게 된다. 구름의 능선뿐 아니라 특정 방향에 산이나 언덕이 존재해 지평선이 비스듬하게 보일 때도 동일한 착각을 일으키는 경우가 있다.

또한 야간 비행 시 지상에 늘어선 불빛(도로에 늘어선 가로등 따위)이나 별빛, 가로등 불빛이 뒤섞여 있을 때 역시 유사수평선으로 착각하는 경우가

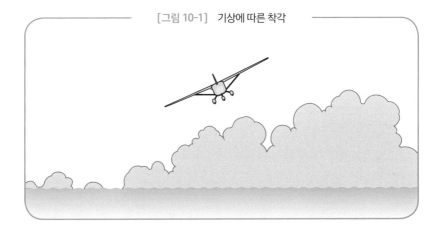

[그림 10-1] 기상에 따른 착각

있다.

구름 속을 비행할 때도 위험하다. VFR의 경우는 구름으로부터 일정한 거리를 유지한 채 비행해야 하는데, 이는 구름 내부로 들어가지 말라는 뜻이다. 구름 내부는 시야가 완전히 차단되기 때문에 계기에 의지할 수밖에 없다.

다만 항공기는 대체로 IFR(계기 비행 방식)로 비행하며 비행은 오토파일럿과 이를 조작하는 컴퓨터의 제어를 받으므로 극심한 동결 기상 상태나 난기류가 없는 한 구름 속을 비행하더라도 아무런 문제는 없다.

VFR 조종사가 피치 못할 사정 때문에 방빙·제빙 장치가 충분치 않은 소형기로 구름 속에 진입하는 상황도 있으므로 기본적인 계기 비행 훈련도 실시한다. 눈을 가려주는 후드를 쓴 채 계기 패널 이외에는 보지 않고 비행하는 훈련이다. 그럼에도 장시간 계기판만 보고 비행했다간 피로해지므로 항공법에는 계기만 보며 비행할 수 있는 비행 시간이나 거리의 제한이 정해져 있다.

그 밖에 기상현상 때문에 착각을 일으키기도 한다. 활주로나 지상의 물체가 잘 보이지 않으면 실제보다 높은 고도에 있는 것처럼 착각하게 된다. 그 결과, 착륙을 시도할 때 진입각을 적정 진입각보다 낮게 잡아서 고도가 떨어지는 경우가 있으므로 위험하다.

예를 들어 활주로 위에 눈이 쌓여 있거나 맑은 낮 시간에 태양이 머리 위에 떠 있어서 활주로 표면이 밝게 빛나고 있을 때는 실제 고도보다 높은 곳에 있다는 착각에 빠질 수 있다. 이를 깨닫지 못하면 기수를 들어 올리는 타이밍이 늦어지게 된다. 또한 실제보다 높이 떠 있다는 착각 때문에 진입각 역시 낮게 잡기 마련이다. 비가 내리거나 시정이 불량할 때도 활주로까지의 거리나 높이를 잘못 판단하기 쉽다.

스핀

"비행기가 스핀 상태에 빠졌다"라는 말은 일반적으로도 종종 사용되므로 많은 사람들이 알고 있으리라. 스핀이란 마치 두 손으로 송곳을 비벼서 가는 구멍을 뚫듯이 기체가 회전하며 거의 일직선으로 낙하하는 상태를 말한다.

실속할 때 기체가 왼쪽, 혹은 오른쪽으로 크게 기울면 스핀에 빠지게 된다. 현재의 비행기는 안정성이 대단히 뛰어나기 때문에 일반적으로 운행한다면 스핀 상태에 놓일 경우는 거의 없겠으나 만에 하나 스핀 상태에 빠지더라도 높은 안정성 덕분에 자연히 본래 자세로 돌아간다.

그럼에도 스핀 상태에 빠질 가능성은 얼마든지 있으므로 조종 훈련 때는 스핀에서 회복하기 위한 훈련을 실시한다.

세스나 172기의 스핀 훈련에 대해 설명하겠다. 우선 비행기의 중량과 중심 위치가 스핀이 가능한 범위인지를 확인한다. 비행기의 중심은 평상시보다 좁게 앞쪽으로 몰려 있어야 한다. 중심 위치가 전방으로 쏠려 있으면 실속했을 때 자연스럽게 기수가 가라앉고, 속도가 나면서 수직꼬리날개와 접촉하는 기류의 흐름이 빨라지기 때문이다. 이어서 기체에 실린 화물이나 탑재물이 움직이지 않게끔 단단히 결박되어 있는지를 확인한다.

손실되는 고도가 크기 때문에 4,000피트 정도까지 상승한다. 주변과 아래쪽이 안전한지 충분히 확인한 뒤, 출력을 완속으로 낮춰서 고도를 유지한 채 속도를 떨어뜨려 실속시킨다. 실속 순간에 오른쪽 혹은 왼쪽의 방향타 페달을 힘껏 밟는다.

그러면 비행기는 페달을 밟은 방향으로 크게 기울며 기수가 떨어지고, 지면으로 곤두박질칠 것처럼 가파른 각도로 강하하기 시작한다. 3회 정도 회전했을 때 출력은 완속인지, 에일러론은 중립인지, 플랩은 수납되어 있는지를 확인한 후, 회전 방향과는 반대편의 방향타 페달을 천천히 밟아 회전을 멈춘다. 멈췄을 때 속도를 체크하고 실속 속도보다 충분히 빠른 속도임을 확인한 다음, 기수를 들어 수평 비행 상태로 복귀, 엔진 출력을 높여서 본래의 수평 직선 비행으로 돌아간다.

한 번 회전할 때마다 1,000피트 정도의 고도를 잃게 된다. 비행 규정(비행 매뉴얼)에 따르면 "6회전으로 2,000피트 이상의 고도가 손실된다"라고 쓰여 있다.

실제로 세스나 172기는 대단히 안정성이 높기 때문에 좀처럼 스핀 상태에 빠지지 않는다. 그러므로 훈련 때는 실속 이후 방향타 페달을 힘껏 밟았다면 중립 상태로 돌아가지 않게끔 페달에서 발을 떼지 않고 억지로 계속 회전시킨다.

스핀 중에서 가장 무서운 경우는 수평에 가까운 자세로 회전하며 낙하하는 플랫 스핀이다. 이 경우는 수직꼬리날개에 부딪히는 기류의 속도가 느리므로 회복하기가 여의치 않다.

기상정보를 입수하는 방법

비행을 위한 중요 정보

기장이 확인해야 할 사항

항공기에 기상정보는 대단히 중요하기 때문에 다양한 형태로 조종사에게
제공된다.

　일본의 항공법 73조 2항(대한민국의 경우는 항공안전법 시행규칙 136조-옮긴
이)에는 기장이 출발 전에 확인해야 할 사항이 정해져 있다. 여기에 따르면
기장은 항공기의 정비 상태, 이륙 중량, 착륙 중량, 중심 위치·중량 분포,
연료·오일의 품질 및 탑재량, 적재물의 안전성을 비롯해 항공정보와 기상
정보를 의무적으로 확인해야 한다.

　항공정보란 안전한 운항을 위해 국토교통성 항공국(대한민국의 경우는 국
토교통부 항공교통본부-옮긴이)에서 전달하는 정보로, 공항·활주로·항공
로·항법 설비·운항 방식 등 항공기의 운항에 필요한 정보를 말한다. 기상

정보 역시 이 항공정보와 마찬가지로 비행 전에 잊지 말고 확인해야 한다.

반드시 확인해야 하는 기상정보는 출발 비행장과 목적 비행장의 기상, 비행 경로 및 대체 비행장의 기상 등이다.

비행장의 기상 상태는 METAR(정시 관측 보고)라는 형식으로 운항 관계자에게 통보된다. 또한 급히 전해야 할 중요한 기상 변화가 발생했을 경우에는 SPECI(특별 관측 보고)라는 기상정보가 통보된다. 이 두 가지는 이미 관측된 기상정보다. 예보로는 TAF(공항 예보)가 통보된다. 비행은 길면 몇 시간 넘게 이어지므로 그사이에 기상이 크게 변화하는 경우가 있어 출발 전에도 예보를 확인해야 한다.

그 외에 지상 일기도·고층 일기도 등을 보고 상공의 풍향과 풍속·동결 고도·난기류 공역 등을 확인한다.

METAR와 TAF는 기호의 나열이지만 구조가 대단히 간단하므로 한눈에 기상 상태를 파악할 수 있다.

정보는 한 시간 간격으로 각 공항에 발효되고(하네다 공항처럼 큰 공항은 30분마다), 공항의 운영 시간 내에 발표된다.

하네다 공항의 METAR를 읽어보자

하네다 공항의 METAR는 인터넷에서 '하네다 최신 METAR' 등으로 검색해보면 찾을 수 있다.

아래의 METAR는 2022년 5월 28일 오후 2시의 정보다.

RJTT 280500Z 18015KT 9999 FEW020 BKN///22/18 Q1004
NOSIG RMK 1CU020 A2966

RJTT 국제민간항공기관(ICAO)이 지정한 하네다 공항의 약호.

280500Z 5월 28일 5시 00분(협정세계시), 일본 시간으로는 같은 날 오후 2시.

18015KT 풍향은 180°(남풍), 풍속은 15노트(7.5m/s).

9999 시정 10km 이상.

FEW020 운량은 1/8 이상 2/8 이하, 구름의 높이(운저고도) 200피트.

BKN/// 5/8 이상 7/8 이하의 구름이 있지만 높이는 알 수 없음. 비행장 주변의 이착륙에는 영향이 없는 높이의 구름. 만약 4,000피트에 구름이 있다면 BKN040, 12,000피트에 구름이 있다면 BKN120으로 통보된다. 브로큰이라고 읽는다.

22/18 기온 22℃, 이슬점온도 18℃. 이슬점온도는 공기가 수증기에 포화되는 온도를 말한다. 습수가 적으면 구름이 발생하기 쉬워진다. 습수가 3℃ 이하라면 구름이 많을 것으로 추측할 수 있다.

Q1004 고도계 수정치(QNH) 1,004hPa. 수은주인치로 나타내면 29.66인치. 미국이나 일본에서는 주로 수은주인치를, 유럽에서는 헥토파스칼(hPa)을 사용한다. 고도계 수정치를 인치 표시와 헥토파스칼 표시 중 하나로 변환할 수 있는 기종도 있다.

NOSIG 특이사항 없음.

RMK 1CU020 A2966   보충 사항. 2,000피트의 구름의 종류는 적운. 수은
주인치로 표시된 기압은 29.66.

하네다 공항의 TAF를 읽어보자

다음은 같은 시각 하네다 공항의 TAF를 읽는 법이다.

TAF RJTT 272305Z 2800/2906 18008KT 9999 FEW030

BECMG 2804/2806 20020KT

TEMPO 2806/2812 20022G32KT

TEMPO 2821/2906 20022G32KT

TAF RJTT 272305Z   하네다 공항 27일 23시 05분(협정세계시)에 발효된
운항용 비행장 예보.

2800/2906   예보 시간은 28일 00시부터 29일 06시까지(협정세계시).

18008KT 9999 FEW030   출발 시의 날씨. 바람은 180°에서 8노트. 시정
10km 이상.

BECMG 2804/2806 20020KT   04시(일본 시간 13시)부터 06시(동 15시)에
걸쳐 바람이 200°에서 20노트로 조금 강해짐.

TEMPO 2806/2812 20022G32KT   06시(일본 시간 15시)부터 12시(동 21시)
사이에 일시적으로 200°에서 22노트의 바람이 불고 순간 최대 풍속은
32노트에 달함.

TEMPO 2821/2906 20022G32KT 28일 21시(29일 06시)부터 29일 06시 (15시)에 일시적으로 200°에서 22노트의 바람이 불고 순간 최대 풍속은 32노트에 달함.

목적 비행장이나 비행 경로와 가까운 공항의 기상 상태 역시 같은 방식으로 조사한다.

고층 일기도를 이용해 조사

다음으로 고층 일기도를 이용해 상공의 바람 · 구름의 상태 · 난기류 · 동결 고도 등을 조사한다. 어느 고도까지의 기상정보가 필요한지는 예정된 비행 고도에 따라서도 달라진다. 여기에서는 3만 피트를 순항할 경우를 상정해보자.

고층 일기도는 850 · 700 · 500 · 300hPa의 일기도를 사용한다. **고층 일기도는 라디오존데(하늘 위로 띄워 올려 지표면에서 성층권까지의 대기 상태를 측정하는 기상 장비-옮긴이)를 사용해 매일 2회(일본 시간으로 아침 9시와 밤 9시) 관측한 고층의 기상 데이터를 일기도로 나타낸 것**으로, 상공에서 기압이 같은 곳을 선으로 연결한 등압면 일기도를 말한다. 따라서 지도의 등고선처럼 상공의 기압 차이를 시각적으로 이해할 수 있다.

여기에는 등압면 · 등온선 · 등풍속선 · 습역(습수 3℃ 이하) 등이 그려져 있다. 일기도마다 기입된 항목이 조금씩 다르다.

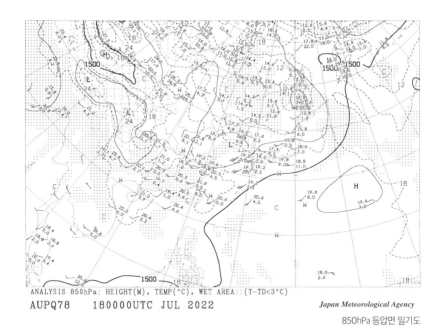

```
ANALYSIS 850hPa: HEIGHT(M), TEMP(°C), WET AREA::(T-TD<3°C)
AUPQ78     180000UTC JUL 2022
```

Japan Meteorological Agency

850hPa 등압면 일기도

· 850hPa 등압면 일기도

고도 약 1,500m의 상태를 나타낸 고층 일기도다. 낮은 고도의 습윤한 공기의

이류 상태를 통해 구름이 어떻게 발생해 있는지를 알아낼 수 있다. 습수 3℃ 이하의

습역(습도가 높은 장소)은 점으로 표시되어 있기 때문에 이 장소에서는 구름이 출현

해 있을 것으로 추정된다.

   -6℃ 등온선은 지상에 내리는 눈의 남방 한계를 알려주는 기준이 된다.

이 등온선보다 남쪽은 비, 북쪽은 눈일 가능성이 있다는 뜻이다. 0℃를 이

루는 고도보다 높은 습역의 내부 및 주변에서는 아이싱(착빙)이 예상된다.

· 700hPa 등압면 일기도

고도 약 **3,000m**의 상태를 알 수 있다. 여기에도 습역이 표시되어 있으므로 **구름이 어느 정도 높이까지 있는지**를 알 수 있다. 또한 **저기압이나 고기압이 뻗어 나온 높이**를 통해 세기를 추정할 수 있다.

· 500hPa 등압면 일기도

고도 약 **5,700m**의 상태를 알 수 있다. 지상의 마찰에 영향을 받지 않는 **대기의 가장 대표적인 상태를 살펴볼 수 있는** 일기도다. 이 일기도는 등고선의 상

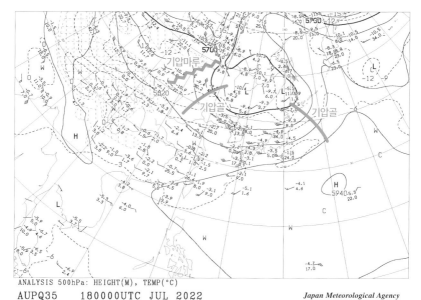

```
ANALYSIS 500hPa: HEIGHT(M), TEMP(°C)
AUPQ35    180000UTC JUL 2022
```

Japan Meteorological Agency

500hPa 등압면 일기도로 살펴보는 기압골과 기압마루

태를 통해 상공의 **기압골과 기압마루의 위치 및 움직임, 발달 정도**(과거의 일기도와 비교해서)를 알아낼 수 있다. 또한 **기압골과 기압마루의 움직임이나 깊이를 통해 지상 저기압의 발달 여부**, 차가운 공기의 남하 여부를 알아낼 수 있다. **-30℃의 등온선은 지상에 내리는 눈의 남방 한계를 알려주는 기준**이 되고, -36℃의 등온선은 호설(비교적 짧은 시간 동안 내리는 많은 눈-옮긴이)의 남방 한계를 알려주는 기준이 된다. 겨울철 일기예보에서 한파가 예상된다는 식으로 발표되는 경우는 상공에 -36℃ 이하의 공기가 자리하고 있을 때다.

이 고도에서 바람은 대개 서쪽에서 불어오며 풍속도 제법 빨라지므로 하층 제트기류의 영향을 관측할 수 있다. 바람이 강한 곳이나 그 주변에서는

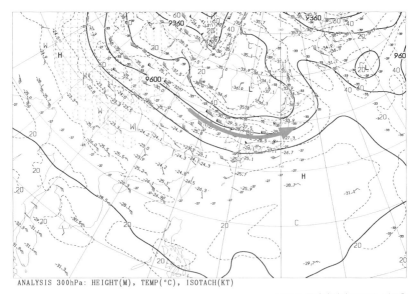

ANALYSIS 300hPa: HEIGHT(M), TEMP(°C), ISOTACH(KT)

300hPa 등압면 일기도로 보는 강풍축

제 10 장　비행기와 항공역학과 기상에 관한 이모저모

난기류의 발생이 예상된다.

・300hPa 등압면 일기도

고도 약 9,600m의 상태를 알 수 있다. 제트여객기의 순항 고도가 이 부근이다. 상공의 제트기류가 존재하는 고도이기도 하다. 고층 일기도를 살펴보면 제트기류는 한 줄기 강풍처럼 보인다. 강풍의 중심축을 강풍축(앞 페이지 지도의 화살표) 등으로 부르며, 이곳에서는 100노트(185km/h), 때로는 200노트(370km/h) 이상의 바람이 분다.

이 일기도를 통해 상공에서 부는 바람의 세기를 알 수 있는데, **제트기류의 중심축에서 약간 남쪽에 지상의 전선**이 형성되어 있는 경우가 많고, **중심축에서 지상의 전선으로 내려가는 경로에 상공의 전선대**가 형성되어 있기 때문에 이 부근도 바람이 강하며 난기류가 형성되어 있을 것으로 추측할 수 있다.

횡풍과 슬립

횡풍은 착륙의 꽃

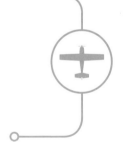

비행장에서는 기상의 변화에 따라 다양한 방향에서 바람이 불어온다. 따라서 횡풍을 받으며 착륙하는 경우도 있다.

횡풍이 불어올 때 착륙하는 방식으로는 크래빙과 윙 로가 있다. 모두 **바람에 밀려 경로가 바뀌지 않게끔 각도를 수정하며 활주로를 향해 똑바로 비행하는 비행 방식**이다. 횡풍이 불더라도 이동 진로는 활주로 방향으로 곧게 뻗은 직선을 이루도록 한다.

크래빙은 옆으로 걷는 게의 걸음에서 따온 명칭으로, 이름에서 알 수 있듯 옆으로(풍상측으로) 이동하며 진입하는 방식이다. 바람을 받아 풍하측으로 밀려나지 않게끔 각도를 수정하는 것이다. 조종석에서는 기수가 활주로 방향보다 약간 풍상측으로 향하는 것처럼 보인다. 횡풍의 세기에 따라 수정각의 크기가 달라진다. 횡풍이 강할 때는 수정각이 커진다.

그대로 접지했다간 접지 이후 활주할 때 활주로의 중심선상을 달리기 어려워지므로 활주로 끝부분을 통과하기 직전에 풍하측의 방향타 페달을 밟아 기수의 방향을 활주로 방향에 맞춰서 중심선상에 놓이게끔 한다. 이대로는 바람에 밀려 풍하측으로 이동하게 되기 때문에 풍상측의 날개를 살짝 내린 채 곧장 진입해서 착지한다.

윙 로는 에일러론을 풍상측으로 내려서 기체를 풍상측으로 기울임과 동시에 풍하측의 방향타 페달을 밟아 기울어진 상태로 활주로를 향해 비행하는 방식이다. 에일러론과 방향타를 평소와는 반대 방향으로 사용하는 조작을 크로스 컨트롤이라고 한다.

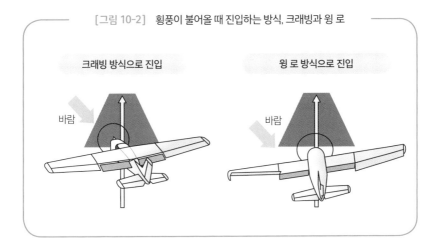

[그림 10-2] 횡풍이 불어올 때 진입하는 방식, 크래빙과 윙 로

크래빙 방식으로 진입

윙 로 방식으로 진입

바람

바람

바람에 따른 영향을 수정하며 비행

바람이 불지 않는 하늘은 없다

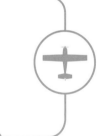

바람을 살피며 비행 계획을 세운다

이착륙 때만 바람의 영향을 받는 것은 아니다. 순항 비행 중에도 영향을 받는다. 횡풍이 불면 풍하측으로 밀려나고, 순풍을 받으면 대지속도가 빨라지며, 역풍의 경우는 대지속도가 느려진다. 세스나기와 같은 소형기뿐 아니라 수백 톤이 넘는 대형기도 마찬가지로 바람의 영향을 받는다.

따라서 풍향과 풍속의 변화에 따라 비행 시간이나 비행 코스에도 영향이 생긴다. 맞바람이 강해서 비행 시간이 계획보다 길어지면 연료 소비량이 늘어나고 만다. 또한 횡풍에 밀려남에도 각도를 수정하지 않으면 목적지에 도달하지 못하게 된다.

그러므로 출발 전에 기상정보를 통해 얻은 고도별 풍향, 풍속 데이터를 토대로 비행 계획을 세워야 한다. 상공의 바람에 관한 정보를 통해서 예상되는 대지속도와 밀려나는 각도(이를 편류라고 한다)를 수정해 계획된 코스 위를 똑바로 날 수 있도록 한다. 또한 대지속도를 이용하면 목적지까지 도달하는 데 걸리는 정확한 시간을 계산할 수 있다.

상공의 바람이 계획 당시의 바람과 동일하다면 비행기는 계획대로 비행한다.

하지만 실제 상공에서 부는 바람은 출발 전 지상에서 얻은 정보와 동일하지 않고 시시각각으로 변화한다. 따라서 코스 도중에 마련된 체크포인트마다 도착 시간과 위치를 확인하고, 편류의 각도와 대지속도를 토대로 새로운 수정각을 구하여 새로 계산해낸 대지속도를 통해서 목적지에 도착하는 시간을 갱신해나간다.

지금의 비행기는 경비행기 등의 소형기를 제외하면 컴퓨터가 이러한 계산을 자동적으로 처리해준다. 또한 오토파일럿(자동 조종 장치)과 연계되어 있기 때문에 조종사는 비행 상태를 감시하며 오토파일럿의 다이얼을 돌리기만 해도 목적지까지 도착할 수 있다.

비행기의 내비게이션

내비게이션(항법) 훈련 방식을 구체적으로 설명하겠다.

A 지점에서 출발해 B 지점 · C 지점 상공을 경유해서 목적지인 D 지점까지 비행한다고 가정하겠다. AB · BC · CD의 세 가지 레그가 있다. 레그란 한 줄의 직선 경로를 의미한다(그림 10-3 참조).

각 레그의 진행 방향(진방위)과 거리는 다음과 같다.

AB 360° 15마일(NM)

BC 90° 23마일(NM)

CD 45° 18마일(NM)

비행 고도, 속도는 다음과 같다.

순항 고도 3,000피트

순항 고도의 풍향 30°(진방위)·풍속 20노트

비행기의 속도 150노트(TAS 진대기속도)

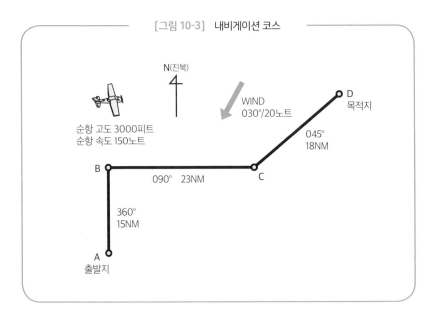

[그림 10-3] 내비게이션 코스

레그 AB는 진행 방향을 기준으로 우측 30°에서 바람이 불어오고 있다. 따라서 우측으로부터의 횡풍(횡풍 성분이 있다는 의미)뿐 아니라 맞바람 성분까지 있으므로 대지속도는 다소 느려지리란 것을 예상할 수 있다.

레그 BC는 좌측으로부터 바람이 불어오므로 코스 우측으로 밀려나고 대지속도도 어느 정도 느려짐을 예상할 수 있다.

레그 CD에서는 코스에 대해 좌측 15°에서 바람이 불어오므로 좌측으로부터 다소의 횡풍이 분다는 것을 알 수 있다. 맞바람 성분이 강하기 때문에 대지속도는 느려질 것이다.

항법 계획을 짤 때는 머릿속으로 대강 예측한 후, 편류를 계산하고 수정해서 코스 위를 똑바로 날 수 있는 비행 경로와 대지속도를 각 레그별로 기입해나가야 한다. 훈련에서는 항법계산반 등을 계산에 사용한다. 전용 계산기도 있다. 항법 계획을 계산해보면 아래 표와 같다.

또한 바람의 정보가 진방위(지도의 북쪽, 진북을 기준으로 하는 방위)로 통보

AB	코스 360° 거리 15마일 바람 30° 20노트 편류 수정각 우 4° 대지속도 132노트 비행 시간 2분
BC	코스 90° 거리 23마일 바람 30° 20노트 편류 수정각 좌 6° 대지속도 139노트 비행 시간 3분 30초
CD	코스 45° 거리 18마일 바람 30° 20노트 편류 수정각 좌 2° 대지속도 130노트 비행 시간 2분

총 비행 거리 56마일, 총 비행 시간 7분 30초

되므로 진방위를 사용해 계산하고 실제로 비행할 때는 자침 방위로 변환해서 비행한다. 진대기속도는 주변 공기에 대한 항공기의 정확한 속도다. 낮은 고도에서는 대기속도와 큰 차이가 없지만 고도를 높이면 차이가 벌어진다.

실제로 항법 훈련을 할 때는 각 레그 사이에 체크포인트를 설정하고 그 지점에서의 편류각과 대지속도를 토대로 진행 방향과 목적지 도착 시간을 수정해서 코스에서 벗어나지 않게끔 비행함과 동시에 목적지 도착 시간을 갱신해야 한다. 그러지 않으면 예상 이상으로 맞바람이 강할 경우 비행 시간이 늘어나고 연료가 부족해질지도 모른다. 또한 목적한 비행장에 도착하는 시간이 예정된 시각보다 일정 시간 늦어지면 구조를 실시하게끔 되어 있다.

최종 진입부터 접지까지

착륙 활주까지의 항공역학

어떻게 착륙시킬 것인가

비행기의 착륙이란 활주로를 향해서 서서히 속도와 고도를 낮추며 접근하다 최종적으로는 실속 속도에서 접지하는 것을 말한다. 이것이 이상적인 착륙이지만 실제로는 접지 후의 제동력을 높이거나 착륙 후의 활주 거리를 줄이기 위해 조금 높은 고도에서 실속시켜서 쿵, 하고 접지하기도 한다.

비행기는 설계상 진입 속도가 정해져 있다. 또한 중량에 따라서도 다른데, 무거울 때는 빠른 속도로, 가벼울 때는 느린 속도로 진입한다. 일반적인 속도는 실속 속도의 약 1.3배다.

마지막 진입 단계에서는 활주로 표면에 그려진 접지 목표점을 가리키는 표시에 메인 랜딩기어가 접촉하게끔 조정해나간다.

진입각은 비행장에 따라 차이가 있지만 대부분의 비행장은 3°다. 3°의 진입각은 1마일(1,852m) 떨어져 있을 경우 높이 318피트(97m)의 매우 얕은 각도다.

착륙 속도의 기준은 활주로 끝부분을 통과할 때의 속도를 얼마로 할지 정해두고, 그 속도가 되게끔 출력을 조금 낮춤과 동시에 조종간을 살짝 당겨서 기수를 올린 후 3°의 진입각을 유지한 채 속도를 천천히 줄인다. 그리고 접지섬이 가까워지면 기수를 살짝 들어 강하율을 거의 0으로 맞추고 메인 랜딩기어부터 접지한다. 착륙 시 마지막에 기수를 들어 올리는 조작을 플레어라고 한다.

나뭇가지에 앉는 새와 마찬가지로, 기수를 들어 속도와 강하율을 낮추며 거의 정지한 상태에서 새가 나뭇가지에 내려앉듯이 접지하는 것이다.

기수를 들기 직전에는 지면효과('15. 공기의 힘으로 활공' 참조) 때문에 수평 비행에 가까워진다. 지면과 기체 사이의 공기를 밀어내며 천천히 고도를 낮추고, 마지막 순간에 기수를 살짝 들어서 부드럽게 안착하는 느낌이다.

이 마지막 단계가 바로 조종사의 실력을 뽐낼 순간이라 해도 과언이 아니다. 풍향과 풍속·돌풍·상승기류·하강기류 등 바람의 상태가 빈번하게 변화하는 단계다.

FBW(플라이 바이 와이어, 조종간과 방향타를 전기신호로 연결하는 방식)라는 비행 제어 컴퓨터에 따른 자동화가 진행 중인 에어버스(A320 등)는 이 단계 역시 컴퓨터를 이용해 자동으로 제어한다. 착륙 모드를 자동 접지로 설정해두면 10피트 정도의 상공에서 자동으로 기수를 들기 시작해 플레어를 걸어준다.

네 가지 프로펠러 효과

○── 제트기보다 조종하기 어려운 프로펠러기 ──○

프로펠러의 회전에 따른 효과

프로펠러기에서는 프로펠러만의 독특한 효과가 나타난다. 자이로 효과·반작용 토크·P 팩터·후류효과다. 앞의 두 가지는 회전체가 지닌 물리적인 성질이고, 뒤의 두 가지는 공기의 흐름과 관련된 효과다.

자이로 효과란 다음과 같다. 회전운동을 하는 물체는 자세를 유지하려는 힘이 작용하고, 외력이 가해지면 회전 방향에서 90° 떨어진 지점에서 힘이 작용한다.

반작용 토크는 프로펠러의 회전과는 반대 방향으로 기체가 회전하려 하는 현상이다.

P 팩터는 프로펠러를 회전하는 원반으로 볼 경우, 회전이 아래(지면 쪽)로 향하는 반

자이로 효과

힘이 가해지면

90° 돌아간 지점에서
힘이 작용한다.

반작용 토크

원과 위로 향하는 반원에서 양력(추력)의 불균형이 발생하는 현상을 말한다. 수평 비행 시에는 나타나지 않지만 받음각을 높여 상승할 때는(조종석에서 볼 때 오른쪽으로 회전하는 프로펠러의 경우) 우측 반원 쪽이 좌측 반원보다 프로펠러 날갯숙지의 받음각이 커지면서 양력이 커지고, 그 결과 기수가 왼쪽을 향하려 한다. 반대로 하강하고 있을 때는 기수를 내리고 있으므로 프로펠러 좌측 반원 쪽의 양력이 커지며 기수가 오른쪽을 향하려 한다.

이처럼 받음각에 따라 비행기의 방향이 변해버리므로 조종사는 이를 수정해가며 비행해야 한다. 이 효과는 단발기의 경우 현저하게 나타난다. 단발기를 조종할 때는 상승 시 비행기가 왼쪽으로 꺾이지 않게끔 오른쪽 방향타 페달을 적당히 밟아주며 비행 방향을 유지해야 한다.

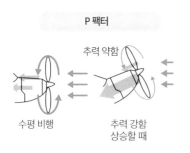

P 팩터

추력 약함

수평 비행

추력 강함
상승할 때

후류효과는 회전하는 프로펠러에서 뒤쪽으로 흐르는 바람이 회전함에 따라 발생하는 효과다. 프로펠러가 오른쪽으로 회전하는 단발기의 경우 후류는 기체 주변을 오른쪽 방향으로(비행기 뒤에서 보았을 때) 감싸며 흐른다. 이 바람이 수직꼬리날개 왼쪽에 부딪히면

프로펠러 후류

서 비행기는 왼쪽으로 향하려 한다. 이 효과는 속도가 느릴 때 강하게 나타난다.

프로펠러 후류의 에너지는 상상 이상으로 강한데, 프로펠러 비행기 바로 뒤쪽에 있으면 비행기는 크게 오른쪽으로 기울고, 조종간을 왼쪽으로 붙이더라도 오른쪽으로 뒤집힐 정도의 힘이 느껴진다. 이착륙 시 등 낮은 고도를 날고 있을 때는 추락할 위험이 있다.

프로펠러 후류와 실속

하늘의 창

프로펠러기는 기수나 주날개 앞쪽에 프로펠러가 달려 있다. 한편 제트기는 기체 뒤쪽이나 주날개 밑에 엔진이 달려 있다. 이 차이는 비행기의 실속 성능에 영향을 미친다.

엔진 바로 뒤쪽에는 제트엔진 혹은 프로펠러가 만들어내는 빠른 공기의 흐름이 존재하는데, 이 흐름이 주날개에 부딪히면 그곳에서는 주변 공기의 흐름(=비행기의 비행 속도)보다 기류가 빨라진다. 따라서 실속이 발생하기 어려워진다.

프로펠러기를 사용한 초기 훈련에서는 동력 실속과 무동력 실속의 두 가지 훈련을 실시한다. 동력 실속은 엔진 출력을 1,500회전(최대 회전 시는 2,700회전 정도)까지 낮추고 무동력 실속에서는 완속(650회전 정도)으로 낮춘다.

이 두 가지 실속을 겪어보면 출력이 남아 있을 경우에는 방향타의 기능도 남아 있기 때문에 잘 실속되지 않음을 체감할 수 있다.

하늘을 나는 자동차

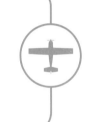

편리하고 재미있지만
실용화되기까지는 과제도 많다

드론을 크게 키워서 여러 사람이 탈 수 있게끔 만든 하늘을 나는 자동차
가 세계 각국에서 개발되고 있다. 일본에서도 실용화를 목표로 기체 개발
이 진행 중이며 국토교통성에서도 안전 기준이 마련되고 있다.

사람이 탈 수 있는 하늘을 나는 자동차는 마치 꿈속에나 나올 법한 교통
수단 같지만 실용화되기까지는 과제도 남아 있다.

하나는 배터리 문제다. 비행 중량을 넉넉하게 잡을 수 없으므로 탑재 가
능한 배터리의 양에도 한계가 있고, 따라서 항속거리 역시 짧아진다.

다음으로는 안전성을 담보할 방법이다. 하늘을 나는 교통수단이므로 추
락하면 탑승자뿐 아니라 지상의 행인이나 건물에 큰 피해를 주게 된다. 따
라서 현행 항공기와 동등한 강도·구조·성능을 갖추고 있어야만 한다. 검
사 체제도 필요하다. 항공기는 자동차처럼 1년에 한 번씩 검사를 받으며,

100시간·50시간이라는 식으로 비행 시간을 정해두고 의무적으로 정기 점검을 실시해야 한다.

또한 아무 곳에서나 이착륙할 수는 없으니 안전한 이착륙장을 지정해야만 한다. 하늘을 나는 자동차는 대부분 자동운전 방식으로 이루어지리라 생각되는데, 조종사가 동승할 경우에는 새로운 면허제도도 필요해진다.

운항 시에는 항공기의 ATC(항공관제)를 대신할 초저고도용 관제통신 시스템이 필요해지리라. 항공관제 전파나 레이더는 500피트 이하의 저고도에는 거의 도달하지 못하므로 확실히 통신을 주고받기 위해 고민이 필요하다. 또한 기상정보를 제공해줄 수단도 있어야 한다.

500피트 이하의 초저고도는 난기류가 무척 심한 구역이다. 상승기류·하강기류가 빈번하게 변동하며 지표와의 마찰 때문에 으레 거친 바람이 불어온다. 이 난기류에 따른 흔들림을 어떻게 해결해서 안정적으로 비행할 것인지 또한 과제로 남아 있다. 사람이 타는 물건이니 탈 때마다 멀미를 일으켜서는 곤란하다.

기체 제작 비용, 운항 비용 등을 고려하면 일반인을 위한 교통수단보다는 근거리를 이동하는 구조·소방·감시 등 공적인 목적에서 큰 힘을 발휘하지 않을까.

참고문헌

『新しい航空気象』（橋本梅治、鈴木義男、日本気象協会）
『AIM-J』（国土交通局航空局）
『基礎から学ぶ流体力学』（飯田明由、小川隆申、武居昌宏、オーム社）
『航空力学　1』（社団法人日本航空技術協会）
『一般気象学』（小倉義光、東京大学出版会）
『気象の事典』（平凡社）
『航空気象』（中山章、東京堂出版）
『気象の基礎知識』（二宮洸三、オーム社）
『流れの法則を科学する』（伊藤慎一郎、技術評論社）
『飛行の理論』（比良二郎、廣川書店）
『飛行機入門』（鳳文書林）
『模型飛行機と凧の科学』（東昭、電波実験社）
『航空工学入門』（社団法人日本航空技術協会）
『科学の事典』（岩波書店）
『レオナルド・ダ・ビンチの手記』（杉浦明平訳、岩波文庫）
『セスナ172取扱法』（鳳文書林）
『セスナ172P型飛行規程』
『乱流と渦』（白鳥 敬、技術評論社）
『天気と気象』（白鳥 敬、学研）
『飛行機がわかる』（白鳥 敬、技術評論社）
『図解でわかる航空力学』（白鳥 敬、日本実業出版社）

技術資料
公益財団法人航空機国際共同開発促進基金
http://www.iadf.or.jp/

ISS高度の大気圧
JAXA
https://humans-in-space.jaxa.jp/kibouser/information/space_environment.html

宇宙の定義
JAXA
https://fanfun.jaxa.jp/faq/detail/103.html#:~:tex82

高層大気
「大気のてっぺん50のなぜ」　名古屋大学
https://www.isee.nagoya-u.ac.jp/50naze/taiki/

Google AI Blog Balloon
https://ai.googleblog.com/2022/02/the-balloon-learning-environment.html

ロケット打ち上げに伴う高高度の雲
SpaceX Falcon 9 Rocket Launch Timelapse
https://www.youtube.com/watch?v=axJdNbWYflM

Microsoft Flight Simulator　はマイクロソフト社の製品です。

飛行性能の評価に、Microsoft Flight Simulator を利用いたしました。
地形の確認に、Google Earth Pro を利用いたしました。

その他、インターネット上の多くのウェブサイトを参考にさせていただきました。
感謝いたします。